水利水电建筑工程高水平专业群工作手册式系列教材

安全系统工程实训

主 编 侯黎黎 李 建

中国水利水电出版社
www.waterpub.com.cn
·北京·

内 容 提 要

本书为安全系统工程课程实训教材，可配套黄河水利职业技术学院水利水电建筑工程专业群安全体验中心使用。本书根据安全系统工程课程典型工作任务进行编写，使学习者具备系统安全分析各方面的技能。

本书共计 4 个工作项目，共需 40 个课时，包含系统安全定性分析、系统安全定量分析、危险源辨识、系统安全预测与决策等内容。

本书为安全技术管理专业学生和专职安全生产管理人员专业技能实训教材，也可供工程领域其他相关从业者和社会人士学习。

图书在版编目（CIP）数据

安全系统工程实训 / 侯黎黎，李建主编. -- 北京 : 中国水利水电出版社，2022.5
水利水电建筑工程高水平专业群工作手册式系列教材
ISBN 978-7-5226-0882-2

Ⅰ. ①安… Ⅱ. ①侯… ②李… Ⅲ. ①安全系统工程－高等职业教育－教材 Ⅳ. ①X913.4

中国版本图书馆CIP数据核字(2022)第133806号

书　　名	水利水电建筑工程高水平专业群工作手册式系列教材 **安全系统工程实训** ANQUAN XITONG GONGCHENG SHIXUN
作　　者	主编　侯黎黎　李建
出版发行	中国水利水电出版社 （北京市海淀区玉渊潭南路 1 号 D 座　100038） 网址：www.waterpub.com.cn E-mail：sales@mwr.gov.cn 电话：（010）68545888（营销中心）
经　　售	北京科水图书销售有限公司 电话：（010）68545874、63202643 全国各地新华书店和相关出版物销售网点
排　　版	中国水利水电出版社微机排版中心
印　　刷	北京印匠彩色印刷有限公司
规　　格	184mm×260mm　16 开本　4.75 印张　116 千字
版　　次	2022 年 5 月第 1 版　2022 年 5 月第 1 次印刷
印　　数	0001—2000 册
定　　价	**20.00** 元

前　言

安全生产是关系人民群众生命财产安全的大事，是经济社会协调健康发展的标志，是党和政府对人民利益高度负责的要求。党中央专门对安全生产作出重要指示，强调生命重于泰山，要求层层压实责任，狠抓整改落实，强化风险防控，从根本上消除事故隐患，有效遏制重特大事故发生。生命重于泰山，人民的生命安全高于一切。这鲜明昭示了我们党以人民为中心的发展思想，生动诠释了人民至上、生命至上的价值理念，充分彰显了中国共产党人的初心使命和强烈的责任担当。

党的十八大以来，安全生产法治建设明显加快。修改《中华人民共和国安全生产法》《中华人民共和国消防法》，制定《生产安全事故应急条例》，一批法律法规的修订完善为安全生产工作提供了有力的法治保障。

安全生产领域一批重量级的制度相继出台。2016 年 10 月，中央全面深化改革领导小组第 28 次会议审议通过了《中共中央 国务院关于推进安全生产领域改革发展的意见》，这是中华人民共和国成立以来第一个以党中央、国务院名义出台的安全生产工作纲领性文件。之后，中共中央办公厅、国务院办公厅相继印发了《关于推进城市安全发展的意见》《地方党政领导干部安全生产责任制规定》《关于全面加强危险化学品安全生产工作的意见》等重要制度性文件。

安全生产基础进一步夯实。近年来，各地区持续整顿关闭了一大批不符合安全生产条件的小矿小厂，不断加大安全投入，强化安全科技支撑，实施安全技能素质提升工程，深化重点行业领域隐患排查治理。

数字也许枯燥，但最具说服力。近年来，我国安全生产事故死亡人数从历史最高峰的 2002 年死亡 14 万人，降至 2020 年的 2.71 万人，下降 80.6%；全国事故起数和死亡人数连续 18 年实现“双下降”；重特大事故起数从最多时的 2001 年的 140 起下降到 2020 年的 16 起，下降 88.6%。

安全教育和科学研究对于安全生产工作的全面开展起着举足轻重的作用，它们是构建安全科学大厦的重要支柱，是培养安全人才、保障安全生产的根本途径和方法。为提高安全从业人员的实践能力，我们编写了这本安全系统工程配套实训教材。本书可配套黄河水利职业技术学院水利水电建筑工程专业群安全体验中心使用。本书根据安全系统工程课程典型工作任务进行编写，体现了科学性、实用性、实践性、针对性、创新性的特点，使学习者具备安全系统工程各方面的技能。教材适用于大学、高等职业院校等在校学生使用，也可以作为安全管理相关岗位职工的学习及参考用书。

本书由黄河水利职业技术学院承担编写工作，侯黎黎、李建担任主编。编写人员及分工如下：侯黎黎（项目一～项目三）；李建（项目四）。编写过程中查阅了大量资料，也得到了多位行业专家的热情帮助与指导，在此一并表示感谢。

限于编者水平，书中难免存在错误和不足之处，敬请广大读者和同仁批评、指正。

编者

2022 年 5 月

目　录

项目一　系统安全定性分析

任务一　安全检查表法

一、学习情景

学校拟了解宿舍的用电安全状况，拟制定安全检查表。

二、学习目标

1. 知识目标

掌握安全检查表的编制方法。

2. 技能目标

具备根据相关的法律、法规、标准、规范编制常规安全检查表的能力，会用安全检查表进行安全检查。

3. 素质目标

（1）团结协作，科学严谨。

（2）诚实协作，工匠精神。

（3）尊重事实，质量意识。

三、工作任务示例

1. 背景

某工厂为做好汽车库防火，拟制定安全检查表。

2. 分析过程

（1）确定出具体的系统，明确手持灭火器安全检查表的内容。系统边界划定的不同，其内容也就大不一样。

防火的内容很多，安全检查的制定范围也很广。如车库里应设置灭火器、车库的用电安全等。在进行汽车库防火时，要明确做什么样的安全检查表。

（2）明确依据的法律、法规、标准、规范：

1）GB 50140—2005《建筑灭火器配置设计规范》。

2）GB 50444—2008《建筑灭火器配置验收及检查规范》。

（3）分析找出危险点。手持灭火器用于消灭开始状态的火灾，必须保证随用随有，尽可能放在易发生火灾的地点，或放在工作地点以及车间的出入口或过道旁边，以便随时取用。取用灭火器的通道在任何时候都必须畅通无阻。

每种灭火器只能用于一定范围的物质发生的火灾，所以按火灾等级 A、B、C、D、E 进行分类。

1）数量不够。

2）放置位置不当，难于被人看到。

3）通往灭火器的通道不畅通。

4）灭火器失效。

5）灭火器选型不当（每种灭火器只能用于一定范围的物质发生的火灾，所以按火灾等级 A、B、C、D、E 进行分类。每种灭火器的使用范围可以从出厂标志和使用说明辨别）。

6）大家不熟悉灭火器的操作。

7）禁止使用的灭火器类型未更换。

8）未在所规定的地点都配上灭火器。

9）有可能冻结的灭火器未采取防冻措施。

10）用过的或损坏的灭火器未更换。

11）工作人员不知道自己工作区域内的灭火器放置位置。

12）车库内无必备的灭火器。

（4）整理形成安全检查表，格式见表 1－1－1 和表 1－1－2。

表 1－1－1　　手持灭火器安全检查表（第一种格式）

单位：　　检查对象：　　检查人：　　检查时间：　　被检查单位负责人：　　整改负责人：

序号	检 查 内 容	情况说明（“是”“否”或注）
1	有足够数量的手持灭火器吗？	
2	灭火器的放置地点能使任何人都能马上看到吗？（易看到，加标记且不宜放置太高）	
3	通向灭火器的通道畅通无阻吗？（任何时候通道上都不应有障碍物）	
4	每个灭火器上都有有效的检验标志吗？（按规定至少每两年要由专业人员检验一次）	
5	每个灭火器对所要扑灭的火灾适用吗？（湿式和泡沫灭火器对电气火灾不适用）	
6	大家都熟悉灭火器的操作吗？	
7	四氯化碳灭火器是否已被其他灭火器所取代？	
8	在规定的所有地点都配备了灭火器吗？	
9	灭火剂易冻的灭火器（如湿式灭火器）采取了防冻措施吗？	
10	用过的或损坏的灭火器是否马上更新了？	
11	每个工作人员都知道自己工作区域内的灭火器所在位置吗？	
12	汽车库内有必备的手持灭火器吗？（10 辆车以内至少应配备一个灭火器）	

表 1-1-2　　手持灭火器安全检查表(第二种格式)

单位：　检查对象：　检查人：　检查时间：　被检查单位负责人：　整改负责人：

编号	安全检查项目	检查结果		整改措施/备注
		是（√）	否（×）	
1	有足够数量的手持灭火器吗？			
2	灭火器的放置地点能使任何人都能马上看到吗？			
3	通向灭火器的通道畅通无阻吗？			
4	每个灭火器上都有有效的检验标志吗？			
5	每个灭火器对所要扑灭的火灾适用吗？			
6	操作人员熟悉灭火器的操作吗？			
7	四氯化碳灭火器是否已被其他灭火器所取代？			
8	在规定的所有地点都配备了灭火器吗？			
9	灭火剂易冻的灭火器（如湿式灭火器）采取了防冻措施吗？			
10	用过的或损坏的灭火器是否马上更新了？			
11	每个工作人员都知道自己工作区域内的灭火器所在位置吗？			
12	汽车库内有必备的手持灭火器吗？			

（5）现场安全检查。

四、任务分组

6～8 人一组，通过查找涉及的相关法律、法规、标准、规范等资料编制一套安全检查表，要求每组的检查表不能雷同。

五、考核标准

预习、课堂表现、成果整理、团队协作、出勤。

六、具体任务

编制宿舍用电安全的安全检查表，每个学生根据安全检查表对本宿舍的安全状况进行安全检查，找出存在问题，并提出相应的解决办法（即安全对策措施）。

七、引导问题

问题一：系统安全分析的方法有很多，同学们知道哪种方法用的最多吗？

问题二：你掌握了这种方法吗？知道什么情况下能够使用这种方法吗？

问题三：安全检查表编制的步骤是什么？编制时需要注意什么？

问题四：通过你的安全检查表，你发现宿舍安全用电存在哪些问题？需要怎么解决呢？

八、评价反馈

小组（学生）自评表、小组（学生）互评表、教师评价表见表1-1-3～表1-1-5。

表1-1-3　　小组（学生）自评表

任　务	完成情况	任　务	完成情况
任务完成情况（小组填）		任务创新情况（小组填）	
小组成员任务完成情况（个人填）		成果上交质量	
个人收获及建议			

表1-1-4　　小组（学生）互评表

任　务	完成情况	任　务	完成情况
任务完成情况（小组填）		任务创新情况（小组填）	
小组成员合作情况（小组填）		小组整体任务上交质量（小组填）	
小组成员任务完成情况（个人填）		成果上交质量（个人填）	
成员在小组中的表现（个人填）			

表1-1-5　　教师评价表

评价项目	自我评价	互相评价	小组评价	教师评价	综合评价
学习准备					
参与讨论					
实训表现					
作业完成情况					
展示汇报					
评价分为A（优秀）、B（良好）、C（及格）、D（不及格）四级					

九、相关的知识储备

（一）安全检查表的定义及适用范围

安全检查表是根据有关安全规范、标准、制度及其他系统分析方法的结果，系统地对某一生产系统或设备进行科学分析，找出各种不安全因素，并以提问的方式把找出的不安全因素确定为检查项目，并编制成表格。

安全检查表分析的核心是安全检查表的编制和实施。实际上是实施安全检查的项目清单和备忘录。

安全检查表适用于对系统生命周期的各个阶段进行安全分析，适用范围涉及生产、工艺、规程、管理等多方面，对检查内容的列举过程即为危险源辨识的过程。

（二）安全检查表的编制及实施过程

1. 确定系统

确定系统指的是确定出所要检查的对象，检查的对象可大可小，它可以是某一工序、某个工作地点、某一具体设备等。

2. 找出危险点

这一部分是制作安全检查表的关键，因检查表内的项目、内容都是要针对危险因素而提出的，所以，找出系统的危险点是至关重要的。在找危险点时，可采用系统安全分析法、经验和实践等分析寻找。

3. 确定项目与内容，编制成表

根据找出的危险点，对照有关制度、标准法规、安全要求等分类确定项目，并写出其内容，按检查表的格式制成表格形式。

4. 检查应用

放到现场实施应用、检查时，要根据要点中所提出的内容，一个一个地进行核对，并作出相应回答。

5. 整改

如果在检查中，发现现场的操作与检查内容不符，则说明这一点上已存在着事故的隐患，应该马上整改，按检查表的内容实施。

6. 反馈（补充完善）

由于在安全检查表的制作中，可能存在某些考虑不周的地方，所以，在检查应用过程中，若发现问题，应马上向上汇报、反馈，进行补充完善。

（三）安全检查表的优缺点

1. 优点

（1）事先编制，有充分的时间组织有经验的人员来编写，做到系统化、完整化，不至于漏掉能导致危险的关键因素。

（2）可以根据规定的标准、规范和法规，检查遵守的情况，提出准确的评价。

（3）表的应用方式是有问有答，给人的印象深刻，能起到安全教育的作用。表内还可注明改进措施的要求，隔一段时间后重新检查改进情况，且简明易懂，容易掌握。

2. 缺点

（1）表格会限制危险识别过程中的想象力；只能作定性的评价，不能给出定量评价结果。

（2）表格往往基于已观察到的情况，因此会错过还没有被观察到的问题，即只能对已经存在的对象进行评价，鼓励了“在方框内画勾”的习惯。

（四）表格范例

安全检查表的基本格式、提问型安全检查表和半定量打分法的安全检查表见表 1-1-6 和表 1-1-7。

表 1-1-6　　安全检查表的基本格式

检查单位：　　　　检查部位：　　　　整改期限：　　　　整改负责人：

序号	检查项目及内容	依据标准	检查结果	备注

表 1-1-7　　提问型安全检查表

序号	检查项目和内容	检查结果		标准依据	备注
		是（√）	否（×）		

任务二　预先危险性分析

一、学习情景

为了解学校安全状况，拟对整个校园安全状况进行大排查，初步确定采用预先危险性分析法进行安全检查，找出危险点，并进行改进。

二、学习目标

1. 知识目标

掌握预先危险性分析的特点及步骤。

2. 技能目标

具备编制预先危险性分析表格的能力，并能够进行预先危险性分析。

3. 素质目标

(1) 团结协作，科学严谨。

(2) 诚实协作，工匠精神。

(3) 尊重事实，质量意识。

三、工作任务示例

1. 背景

燃气热水器是目前家庭常用的热水器之一，而燃气属于易燃易爆气体，热水器常由于使用年限较长或者使用不当而发生故障，进而造成事故的发生，针对此情况运用预先危险性分析法对家用热水器进行危险性分析。热水器结构图如图 1-2-1 所示。热水器工作流程图如图 1-2-2 所示。

2. 分析过程

(1) 确定系统。确定系统为家用燃气热水器。

(2) 调查收集资料，系统功能分解。燃气热水器一般装有温度和煤气开关联锁装置，当水温超过规定温度时，联锁动作将煤气关小，如果发生故障，则由泄压安全阀放出热水，防止发生事故。

(3) 分析、识别危险性。危险因素包括：水压高、水温高、煤气、毒气、燃烧不完全、火嘴着火、排气口高温等。

对水压高和水温高两种危险因素举例分析如下。

1）危险因素：水压高。

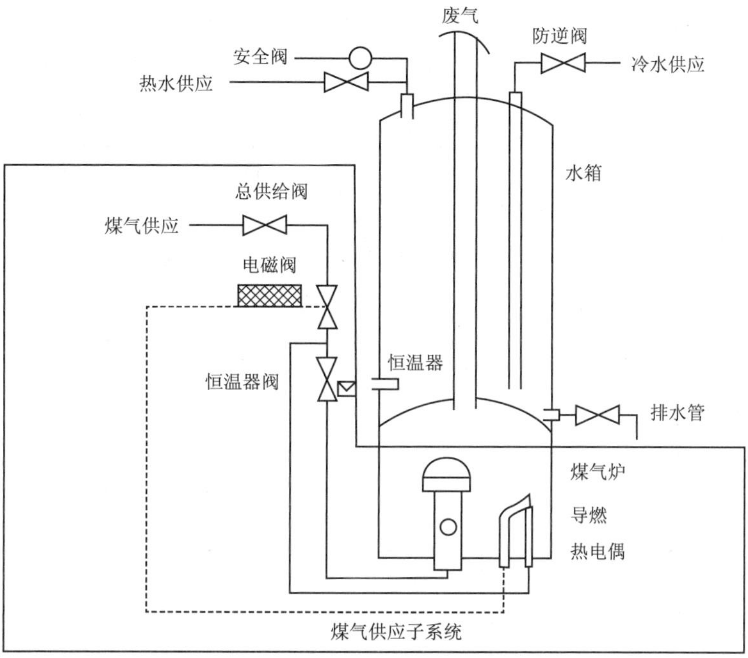

图 1-2-1　热水器结构图

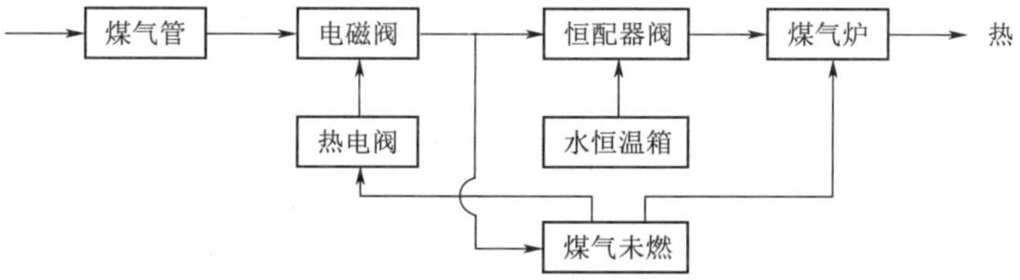

图 1-2-2　热水器工作流程图

触发事件：煤气连续燃烧。

现象：有气泡产生。

形成事件的原因事件：安全阀不动作。

事故情况：热水器爆炸；水过热。

后果：人身伤亡、财物损失。

2）危险因素：水温高。

触发事件：煤气连续燃烧。

现象：有气泡产生。

形成事件的原因事件：安全阀不动作。

事故情况：水过热。

后果：烫伤。

（4）形成预先危险性分析表并制定相应的措施，见表1－2－1。

表1－2－1　　危险性分析表

危险因素	触发事件	现象	形成事故的原因事件	事故情况	结果	危险等级	措施
水压高	煤气连续燃烧	有气泡产生	安全阀不动作	热水器爆炸；水过热	伤亡，损失	Ⅲ	装爆破板，定期检查安全阀
水温高	煤气连续燃烧	有气泡产生	安全阀不动作	水过热	烫伤	Ⅱ	装爆破板：定期检查安全阀
煤气	火嘴熄灭，煤气阀开，煤气渣漏	煤气充满	火花	煤气爆炸	伤亡，损失	Ⅲ	火源和煤气阀装联锁装置，定期检查通风、气体检测器
毒气	火嘴熄灭，煤气阀开，煤气泄漏	煤气充满	人在室内	煤气中毒	伤亡	Ⅱ	火源和煤气阀装联锁装置，定期检查通风、气体检测器
燃烧不完全	排气口关闭	一氧化碳充满	人在室内	一氧化碳中毒	伤亡	Ⅱ	一氧化碳检测器、报警器、通风
火嘴着火	火嘴附近有可燃物	火嘴附近着火	火嘴引燃	火灾	伤亡，损失	Ⅲ	火嘴附近应为耐火构造，定期检查
挂气口高温	排气口关闭	排气口附近着火	火嘴连续燃烧	火灾	伤亡，损失	Ⅱ	排气口装联锁装置，温度过高时煤气阀关闭，排气口附近应为耐火构造

四、任务分组

6～8人一组，通过实地考察，编制本组的预先危险性分析表，并进行预先危险性分析。

五、考核标准

预习、课堂表现、成果整理、团队协作、出勤。

六、具体任务

把学校分为宿舍区、教学区、生活区、办公区等若干个区域，每组根据自己所分的片区（片区也可以抽签决定）进行安全检查，找出危险点，对危险进行分类，编制预先危险性分析表格，进行危险分析和分级，并提出相应的解决办法（即安全对策措施）。

七、引导问题

问题一：你知道什么是预先危险性分析？

问题二：你掌握这种方法了吗？知道什么情况下能够使用这种方法吗？

问题三：预先危险性分析的步骤是什么？编制时需要注意什么？

问题四：通过你的预先危险性分析，你发现所分析的对象存在哪些安全问题，需要怎么解决呢？

八、评价反馈

小组（学生）自评表、小组（学生）互评表、教师评价表见表1-2-2～表1-2-4。

表1-2-2　　小组（学生）自评表

任　　务	完成情况	任　　务	完成情况
任务完成情况（小组填）		任务创新情况（小组填）	
小组成员任务完成情况（个人填）		成果上交质量	
个人收获及建议			

表1-2-3　　小组（学生）互评表

任　　务	完成情况	任　　务	完成情况
任务完成情况（小组填）		任务创新情况（小组填）	
小组成员合作情况（小组填）		小组整体任务上交质量（小组填）	
小组成员任务完成情况（个人填）		成果上交质量（个人填）	
成员在小组中的表现（个人填）			

表1-2-4　　教师评价表

评价项目	自我评价	互相评价	小组评价	教师评价	综合评价
学习准备					
参与讨论					
实训表现					
作业完成情况					
展示汇报					
评价分为A（优秀）、B（良好）、C（及格）、D（不及格）四级					

九、相关的知识储备

（一）预先危险性分析的定义及适用范围

预先危险性分析（preliminary hazard analysis，PHA）是一种定性分析评价系统内危险因素和危险程度的方法，又称预先危险分析。是在每项工程活动，如设计、施工、生产之前，或技术改造，即制定操作规程和使用新工艺等情况之后，对系统存在的危险性类型、来源、出现条件、导致事故的后果以及有关措施等，做一概略分析。

常用于对潜在危险了解较少和无法凭经验觉察的工艺项目的初步设计或工艺装置的研究开发中，或者在采取新的操作方法、接触新的危险物质、工具和设备时采用，可以从开始就能消除、减少或控制主要的危险。只希望对系统进行粗略的危险和潜在事故情况分析时，采用预先危险性分析法。

（二）预先危险性分析的实施过程

（1）确定系统。通过经验判断、技术诊断或其他方法调查确定危险源（即危险因素存在于哪个子系统中），对所需分析系统的生产目的、物料、装置及设备、工艺过程、操作条件以及周围环境等，进行充分详细的了解。

（2）实地检查找出危险点。依据过去的经验教训及同类行业生产中发生的事故（或灾害）情况，对系统的影响、损坏程度，类比判断所要分析的系统中可能出现的情况，查找能够造成系统故障、物质损失和人员伤害的危险性，分析事故（或灾害）的可能类型。

（3）对危险点进行分析，确定危险的类别并制成预先危险性分析表。

（4）分析每一类危险，根据其可能产生的后果进行危险分级。在分析系统危险性时，为了衡量危险性的大小及其对系统破坏程度，将各类危险性划分为四个等级，见表 1－2－5。

表 1－2－5　　危险性等级划分表

级别	危险程度	可能导致的后果
Ⅰ	安全的	不会造成人员伤亡及系统损坏
Ⅱ	临界的	处于事故的边缘状态，暂时还不至于造成人员伤亡、系统损坏或降低系统性能，但应予以排除或采取控制措施
Ⅲ	危险的	会造成人员伤亡和系统损坏，要立即采取防范措施
Ⅳ	灾难性的	造成人员重大伤亡及系统严重破坏的灾难性事故，必须予以果断排除并进行重点防范

（5）制定事故（或灾害）的预防性措施。制定安全措施须遵循以下原则：

1）消除。通过合理的设计和科学的管理，尽可能从根本上消除危险、有害因素，如采用无害化工艺技术，生产中以无害物质代替有害物质，实现自动化、遥控作业等。

2）预防。当消除危险、有害因素有困难时，可采取预防性技术措施，预防危险、危害的发生，如使用安全阀、安全屏护、漏电保护装置、安全电压、熔断器、防爆膜、事故排放装置等。

3）减弱。在无法消除危险、有害因素和难以预防的情况下，可采取降低危险、危害的措施，如加设局部通风排毒装置，生产中以低毒性物质代替高毒性物质，采取降温措施，设置避雷、消除静电、减振、消声等装置。

4）隔离。在无法消除、预防、减弱的情况下，应将人员与危险、有害因素隔开和将不能共存的物质分开，如遥控作业，设安全罩、防护屏、隔离操作室、安全距离、事故发生时的自救装置（如防护服、各类防毒面具）等。

5）联锁。当操作者失误或设备运行一旦达到危险状态时，应通过联锁装置终止危险、危害的发生。

6）警告。在易发生故障和危险性较大的地方，应设置醒目的安全色、安全标志；必要时设置声、光或声光组合报警装置。

（三）预先危险性分析的优缺点

1. 优点

预先危险性分析是进一步进行危险分析的先导，是一种宏观的概略定性分析方法。在项目发展初期使用预先危险性分析法有如下优点：

（1）它能识别可能的危险，用较少的费用或时间就能进行改正。

（2）它能帮助项目开发组分析和/或设计操作指南。

（3）该方法简单易行、经济、有效。

2. 缺点

该方法只能对系统进行宏观地、粗略地分析，要想详细了解系统的危险性，需要和其他方法结合起来。

（四）表格范例

PHA 工作表格、PHA 工作的典型格式表和预先危险分析表通用格式见表 1－2－6～表 1－2－8。

表 1－2－6　　PHA 工作表格

单元：　　　　编制人员：　　　　日期：

危　险	原　因	后　果	危险等级	改进措施/预防方法

表 1－2－7　　PHA 工作的典型格式表

地区（单元）：________　　会议日期：________

图　　号：________　　小组成员：________

危险/意外事故	阶　段	原　因	危险等级	对　策
事故名称	危害发生的阶段，如生产、试验、运输、维修、运行等	产生危害的原因	对人员及设备的危害	消除、减少或控制危害的措施

表 1－2－8　　预先危险分析表通用格式

系统①：　子系统②　状态③ 编号：　日期：				预先危险 分析表			制表者： 制表单位：	
潜在事故④	危险因素⑤	触发事件（1）⑥	发生条件⑦	触发事件（2）⑧	事故后果⑨	危险等级⑩	防范措施⑪	备注⑫

① 所分析子系统归属的车间或工段的名称。

② 所分析子系统的名称。

③ 子系统处于何种状态或运行方式。

④ 子系统可能发生的潜在危害。

⑤ 产生潜在危害的原因。

⑥ 导致产生危险因素（5）的那些不希望事件或错误。

⑦ 使危险因素（5）发展成为潜在危害的那些不希望发生的错误或事件。

⑧ 导致发生事故的条件（7）的那些不希望发生的事件及错误。

⑨ 事故后果。

⑩ 危害等级。

⑪ 为消除或控制危害可能采取的措施，其中包括对装置、人员、操作程序等几方面的考虑。

⑫ 有关必要的说明。

任务三 作业条件危险性

一、学习情景

工人每天操作没有安全防护罩的机床，有时不注意就会把手挤伤，以往曾经发生过这类事故：造成了一只手残废，没有人员死亡。对该作业条件进行安全评价。

二、学习目标

1. 知识目标

掌握作业条件危险性分析的几个因素及评分方法。

2. 技能目标

能够进行作业条件危险性分析。

3. 素质目标

（1）团结协作，科学严谨。

（2）诚实协作，工匠精神。

（3）尊重事实，质量意识。

三、工作任务示例

1. 背景

50000m^3 原油罐区是 1995 年建成投用的，地处厂区北侧。西邻工业南路，北邻飞跃大道，东部为厂内铁路。在西部和北部，罐区与城市道路之间有一块村民的承包地，合计约 50000m^2。从 2004 年 3 月开始，村民在此区域内建了大量房屋。这些建筑物或倚墙而建，或拆墙重建，更有甚者，有些建筑物的门、窗就开在围墙上，村民进出原油罐区非常随意。

2. 分析过程

（1）熟悉系统。50000m^3 原油罐区周边概况。

（2）明确评价赋分标准。

（3）赋分，评价计算。各因素分值的确定如下。

发生事故的可能性（L）取值：原油罐火灾爆炸事故在石油化工生产行业中屡见不鲜。自然因素、人的因素及设备因素等均有可能引发原油罐火灾或爆炸。这虽属小概率事件，仍可能发生，但不经常，所以取 $L=3$。

暴露于危险环境的频率程度（E）取值：罐区周边的建筑物向密集型发展，人员数目越来越多，出现在危险环境中的时间越来越长，村民每天暴露于此环境中，所以取 $E=6$。

发生事故产生的后果（C）取值：原油罐一旦起火燃烧，具有燃烧温度高、辐射热量大、油料流动扩散快、容易发生沸溢等特点，给人员和建筑物均造成严重威胁，极易造成人员死亡。取 $C=15$。

综上所述，危险程度 $D=3\times6\times15=270$。

(4) 形成评估结论，制定并实施措施。危险性分值 $D=270$ 处于 160～320 之间，其危险等级属于“高度危险，要立即整改”的范畴。由此可见，50000m^3 原油罐区，已构成重大生产安全事故隐患，是必须立即采取措施进行整改的高度危险环境。

四、任务分组

6～8 人一组，对情景案例分析。

五、考核标准

预习、课堂表现、成果整理、团队协作、出勤。

六、具体任务

针对案例情景，分析发生事故的可能性、暴露于危险环境的频率程度、发生事故产生的后果，并给出相对应的取值，最后计算出环境的危险程度，针对危险程度提出相对应的整改措施及建议。

七、引导问题

问题一：你知道什么是作业条件危险性分析吗？

问题二：你掌握这种方法了吗？知道什么情况下能够使用这种方法吗？

问题三：作业条件危险性分析的步骤是什么？

问题四：作业条件分析法的几个因素是如何赋分的？危险度又是如何划分的呢？

八、评价反馈

小组（学生）自评表、小组（学生）互评表、教师评价表见表 1-3-1～表 1-3-3。

表 1-3-1　　小组（学生）自评表

任　务	完成情况	任　务	完成情况
任务完成情况（小组填）		任务创新情况（小组填）	
小组成员任务完成情况（个人填）		成果上交质量	
个人收获及建议			

表 1-3-2　　小组（学生）互评表

任　务	完成情况	任　务	完成情况
任务完成情况（小组填）		任务创新情况（小组填）	
小组成员合作情况（小组填）		小组整体任务上交质量（小组填）	
小组成员任务完成情况（个人填）		成果上交质量（个人填）	
成员在小组中的表现（个人填）			

表 1－3－3　　教 师 评 价 表

评价项目	自我评价	互相评价	小组评价	教师评价	综合评价
学习准备					
参与讨论					
实训表现					
作业完成情况					
展示汇报					
评价分为 A（优秀）、B（良好）、C（及格）、D（不及格）四级					

九、相关的知识储备

（一）作业条件危险性分析的定义及适用范围

作业条件危险性评价法是一种简单易行的衡量人们在某种具有潜在危险环境中作业的危险性的半定量评价方法。

对于一个具有潜在危险性的作业条件，美国安全专家 K. J. 格雷厄姆和 G. F. 金尼认为，影响危险性的主要因素有 3 个：

（1）发生事故或危险事件的可能性。

（2）暴露于这种危险环境的情况。

（3）事故一旦发生可能产生的后果。用公式来表示，则为

$$D=LEC$$

式中　D——作业条件的危险性；

L——事故或危险事件发生的可能性；

E——暴露于危险环境的频率程度；

C——发生事故或危险事件的可能结果。

（二）作业条件危险性分析各因素的赋值

1. 发生事故或危险事件的可能性

事故或危险事件发生的可能性与其实际发生的概率有关。若用概率表示时，绝对不可能发生事故的概率为 0；而必然发生事故的概率为 1。但在考察一个系统的危险性时，绝对不可能发生事故是不确切的，即概率为 0 的情况不确切。所以，将实际上不可能发生的情况作为“打分”的参考点，定其分数值为 0.1。

此外，在实际生产条件中，事故或危险事件发生的可能性范围非常广泛，因而人为地将完全出乎意料、极少可能发生的情况规定为 1；能预料将来某个时候会发生事故的分值规定为 10；在这两者之间再根据可能性的大小相应地确定几个中间值，如将“不常见，但仍然可能”的分值定为 3，“相当可能发生”的分值规定为 6。同样，在 0.1 与 1 之间也插入了与某种可能性对应的分值。于是，将事故或危险事件发生可能性的分值从实际上不可能的事件为 0.1，经过完全意外有极少可能的分值为 1，确定到完全会被预料到的分值为 10 为止。事故或危险事件发生可能性分值见表 1－3－4。

表 1-3-4 事故或危险事件发生可能性分值

分值	事情或危险情况发生可能性	分值	事情或危险情况发生可能性
10①	完全会被预料到	0.5	可以设想，但高度不可能
6	相当可能	0.2	极不可能
3	不经常，但可能	0.1①	实际上不可能
1①	完全意外，极少可能		

① 为“打分”参考点。

2. 暴露于危险环境的频率

作业人员暴露于危险作业条件的次数越多、时间越长，则受到伤害的可能性也就越大。为此，K.J. 格雷厄姆和 G.F. 金尼规定了连续出现在潜在危险环境的暴露频率分值为 10，一年仅出现几次非常稀少的暴露频率分值为 1。以 10 和 1 为参考点，再在其区间内根据在潜在危险作业条件中暴露情况进行划分，并对应地确定其分值。例如，每月暴露一次的分值定为 2，每周一次或偶然暴露的分值定为 3。根本不暴露的分值应为 0，但这种情况实际上是不存在的，是没有意义的，因此无须列出。关于暴露于潜在危险环境的分值见表 1-3-5。

表 1-3-5 暴露于潜在危险环境的分值

分值	出现于危险环境的情况	分值	出现于危险环境的情况
10①	连续暴露于潜在危险环境	2	每月暴露一次
6	逐日在工作时间内暴露	1①	每年几次出现在潜在危险环境
3	每周一次或偶然的暴露	0.5	非常罕见的暴露

① 为“打分”参考点。

3. 发生事故或危险事件的可能结果

造成事故或危险事故的人身伤害或物质损失可在很大范围内变化，以工伤事故而言，可以从轻微伤害到许多人死亡，其范围非常宽广。因此，K.J. 格雷厄姆和 G.F. 金尼把需要救护的轻微伤害的可能结果分值规定为 1，以此为一个基准点；而将造成许多人死亡的可能结果分值规定为 100，作为另一个参考点。在两个参考点 1 和 100 之间，插入相应的中间值，列出表 1-3-6 所示的可能结果的分值。

表 1-3-6 发生事故或危险事件可能结果的分值

分值	可能结果	分值	可能结果
100①	大灾难，许多人死亡	7	严重，严重伤害
40	灾难，数人死亡	3	重大，致残
15	非常严重，一人死亡	1①	引人注目，需要救护

① 为“打分”参考点。

4. 危险性

确定了上述 3 个具有潜在危险性的作业条件的分值，并按公式进行计算，即可得到危险性分值。据此，要确定其危险性程度时，则按下述标准进行评定。

由经验可知，危险性分值在 20 以下的环境属低危险性，一般可以被人们接受，这样的危险性比骑自行车通过拥挤的马路去上班之类的日常生活活动的危险性还要低。当危险性分值在 20～70 时，则需要加以注意；危险性分值在 70～160 的情况时，则有明显的危险，需要采取措施进行整改；同样，根据经验，当危险性分值在 160～320 时的作业条件属高度危险的作业条件，必须立即采取措施进行整改。危险性分值在 320 分以上时，则表示该作业条件极其危险，应该立即停止作业，直到作业条件得到改善为止，详见表 1-3-7。

表 1-3-7　　危险性分值

分值	危险程度	分值	危险程度
＞320	极其危险，不能继续作业	20～70	可能危险，需要注意
160～320	高度危险，需要立即整改	＜20	稍有危险，或许可以接受
70～160	显著危险，需要整改		

（三）作业条件危险性分析的优缺点

作业条件危险性评价法用于评价人们在某种具有潜在危险的作业环境中进行作业的危险程度，该法简单易行，危险程度的级别划分比较清楚、醒目。但是，由于它主要是根据经验来确定 3 个因素的分数值及划定危险程度等级，因此具有一定的局限性。而且它是一种作业的局部评价，故不能普遍适用。

建议在具体应用时，可根据自己的经验、具体情况对该评价方法作适当修正，也可参考风险程度分析法。

（四）危险性评价模拟图

危险性评价模拟图如图 1-3-1 所示。

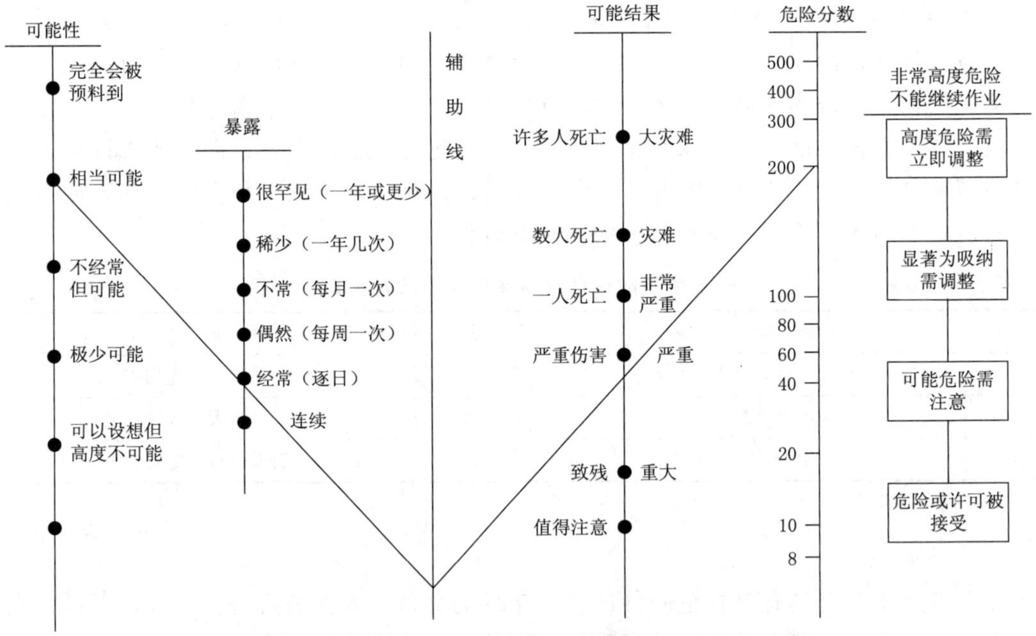

图 1-3-1　危险性评价模拟图

任务四　作业危害分析法

一、学习情景

对钢筋绑扎施工工序进行危害分析。

二、学习目标

1. 知识目标

掌握作业危害分析的特点。

2. 技能目标

能够根据具体作业进行作业危害分析。

3. 素质目标

（1）团结协作，科学严谨。

（2）诚实协作，工匠精神。

（3）尊重事实，质量意识。

三、工作任务示例

1. 背景

从储罐顶部人孔进入，清理储罐内表面的化学物质。要求：分析作业可能产生的危害。

2. 分析过程

分析过程共9个步骤，分析结果见表1-4-1。

表1-4-1　　分析过程

步骤	危害辨识	对策
①确定罐内的物质种类，确定在罐内的作业及存在的危险	▲爆炸性气体； ▲氧含量不足； ▲化学物质暴露的气体、粉尘、蒸气（刺激性、毒性）、液体（刺激性、毒性、腐蚀、过热）； ▲运动的部件/设备	▲根据标准制定有限空间进人规程； ▲取得有安全、维修和维护人员签字的作业许可证； ▲具备资格的人员对气体检测； ▲通风至氧含量为19.5%～21.5%，并且任一可燃气体的含量低于其爆炸下限的10%； ▲提供合适的呼吸器材； ▲提供保护头、眼、身体和脚的防护服； ▲参照有关规范提供安全带和救生索，如果有可能，清理罐体外部
②选择和培养操作者	▲操作人员呼吸系统或心脏有疾患，或有其他身体缺陷； ▲操作人员的操作失误	▲卫生医师检查，能适应于该工作，培训操作人员； ▲按照有关规范，对作业进行预演
③设置检修用设备	▲软管、绳索、器具脱落的危险； ▲电气设施中电压过高、导线裸露； ▲电动机未锁定并未做出标记	▲按照位置，顺序地设置软管、绳索、管线及器材以确保安全； ▲设置接地故障断路器； ▲如果有搅拌电动机，加以锁定做出标记

续表

步骤	危害辨识	对策
④在罐内安放梯子	▲梯子滑倒	▲将梯子牢固地固定在孔顶部或其他固定部件上
⑤准备入罐	▲罐内有气体或液体	▲通过现有的管道清空储罐； ▲审查应急预案； ▲打开罐； ▲工业卫生专家或安全专家检查现场； ▲罐体接管法兰处设置盲板（隔离）； ▲具备资格的人员检测罐内气体（经常检测）
⑥罐入口处安放设备	▲脱落或倒下	▲使用机械操作设备； ▲罐顶作业处设置防护栏
⑦入罐	▲从梯子上滑脱； ▲暴露于危险的作业环境中	▲按有关标准，配备个体防护器具； ▲外部监护人员观察、指导入罐作业人员，在紧急情况下能将作业人员自罐内营救出来
⑧清洗储罐	▲发生化学反应，生成烟雾或散发空气污染物	▲为所有操作人员和监护人员提供防护服及器具； ▲提供罐内照明； ▲提供排气设备； ▲向罐内补充空气； ▲随时检测罐内空气； ▲轮换操作人员或保证一定时间的休息； ▲如果需要，提供通信工具以便于得到帮助； ▲提供2人作为后备救援，以应付紧急情况
⑨清理	▲使用工具而引起伤害	▲预先演习； ▲使用运料设备

四、任务分组

6～8人一组，要求每组的作业危害分析表不能雷同。

五、考核标准

预习、课堂表现、成果整理、团队协作、出勤。

六、具体任务

分析钢筋绑扎施工工序，找出危害，并提出相对应的解决办法（即安全对策措施）。

七、引导问题

问题一：什么是作业危害分析？作业危害分析的过程是什么？

问题二：作业危害分析需要注意的事项有哪些？

问题三：安全对策措施如何确定？

八、评价反馈

小组（学生）自评表、小组（学生）互评表、教师评价表见表 1-4-2～表 1-4-4。

表 1-4-2　　小组（学生）自评表

任　务	完成情况	任　务	完成情况
任务完成情况（小组填）		任务创新情况（小组填）	
小组成员任务完成情况（个人填）		成果上交质量	
个人收获及建议			

表 1-4-3　　小组（学生）互评表

任　务	完成情况	任　务	完成情况
任务完成情况（小组填）		任务创新情况（小组填）	
小组成员合作情况（小组填）		小组整体任务上交质量（小组填）	
小组成员任务完成情况（个人填）		成果上交质量（个人填）	
成员在小组中的表现（个人填）			

表 1-4-4　　教师评价表

评价项目	自我评价	互相评价	小组评价	教师评价	综合评价
学习准备					
参与讨论					
实训表现					
作业完成情况					
展示汇报					
评价分为 A（优秀）、B（良好）、C（及格）、D（不及格）四级					

九、相关的知识储备

（一）作业危害分析的定义

作业危害分析是将作业活动划分为若干步骤，对每一步骤进行分析，从而辨识潜在的危害并制定安全措施。作业危害分析是有助于将认可的职业安全健康原则在特定作业中贯彻实施的一种方法。

实施作业危害分析，能够识别作业中潜在的危害，确定相应的工程措施，提供适当的个体防护装置，以防止事故发生，防止人员受到伤害。适用于涉及手工操作的各种作业。

（二）作业危害分析过程

作业的选择→作业步骤的划分→危害的辨识→确定安全对策。

（三）作业危害分析需要注意的事项

1.“作业”的选择

（1）事故频繁或后果严重的作业。频繁发生或不经常发生但可致灾难性后果的。

（2）作业条件有危险（危害）的作业。危险的作业条件（如作业场所存在有害物质），事故后果严重，引起职业病。

（3）新增作业。由于缺乏经验，明显存在危害或危害难以预料。

（4）变更作业。因作业程序变化，可能带来新的危险。

（5）不经常作业。因不熟悉作业程序，存在较高风险。

2.“作业”步骤的划分及注意事项

（1）一项作业步骤一般不超过10项。划分太笼统，容易遗漏相关的危害；划分太细，则不利记忆掌握。若作业步骤实在太多，可将作业分成几部分分析。

（2）作业划分应根据操作人员的实际操作过程和熟悉作业的人员的经验进行。

（3）作业划分还应根据实际正常作业条件进行。如夜间作业应根据夜间工作条件进行。

（四）危害的辨识清单

（1）是否佩戴个体防护服或个体防护器具？

（2）操作环境、设备、地槽、坑以及危险的操作是否得到有效的防护？

（3）维修设备时，是否对惰性化处理的设备采取了隔离？

（4）是否有能引起伤害的固定物体，如锋利的设备边缘？

（5）操作者能否触及机器部件或夹在机器部件之间？

（6）操作者能否受到运动的机器部件或移动物品的伤害？

（7）操作者是否会处于失去平衡的状态？

（8）操作者是否管理着带有潜在危险的装置？

（9）操作者是否需要从事可能使头、脚受伤或被扭伤的活动（往复运动的危害）？

（10）操作者是否会被物体冲撞或撞击到机器或物体？

（11）操作者是否会跌倒？

（12）操作者是否会由于提升、拖拉物体或运送笨重物品而受到伤害？

（13）作业环境是否存在危害因素——粉尘、化学物质、放射线、电焊弧光、热、高噪声？

（五）确定对策的要求

（1）消除危害。消除危害是最有效的措施，有关这方面的技术包括：改变工艺路线、修改现行工艺、以危害较小的物质替代、改善环境（通风）、完善或改换设备及工具。

（2）控制危害。当危害不能消除时，采取隔离、机器防护、穿工作鞋等措施控制危害。

（3）修改作业程序。完善危险操作步骤的操作规程、改变操作步骤的顺序以及增加一些操作程序（如锁定能源的措施）。

（4）减少暴露。这是在没有其他解决办法时的一种选择。减少暴露的一种办法是减少在危害环境中暴露的时间，如完善设备以减少维修时间、佩戴合适的个体防护器材等。为了减少事故的后果，设置应急设备如洗眼器等。确定的对策要填入表中。对策的描述应具体，说明应采取何种做法以及怎样做，避免过于原则的描述，如“小心”“仔细操作”等。

（5）信息传递。作业危害分析是消除和控制危害的一种行之有效的方法，因此，应当将作业危害分析的结果传递给所有从事该作业的人员。

项目二　系统安全定量分析

任务一　事 件 树 分 析

一、学习情景

21 世纪以来，我国建筑业蓬勃发展，城市化进程不断加快，但也面临着相当严峻的挑战，其中就包括不断发生的建筑事故。而高处坠落事故作为建设行业的“第一杀手”，其事故发生起数与伤亡人数一直占据着建设行业的榜首，据统计显示，高处坠落事故起数大约占建筑事故总起数的 50%左右，在 2019 年发生的建筑事故中，以 5 月和 6 月为例，5 月建筑事故共发生 43 起，死亡人数为 46 人，其中，高处坠落事故 22 起，死亡人数为 22 人；6 月建筑事故共发生 84 起，死亡人数为 92 人，其中，高处坠落事故 46 起，死亡人数为 47 人。根据数据可见，高处坠落事故在建筑事故中占着很高的比重，事故的发生不仅对建设项目造成一定的影响，也对受伤者家庭带来严重的伤害。每一次高处坠落事故的发生必然有其直接原因和间接原因，请分别从人、物、管理三个方面分析高处坠落事故发生的原因，形成事件树，根据事件树提出预防此类事故发生的预防措施。

二、学习目标

1. 知识目标

了解事件树的特点及事件树的分析步骤，掌握简单事件树编制方法。

2. 技能目标

具备编制简单事件树的能力。

3. 素质目标

（1）团结协作，科学严谨。

（2）诚实协作，工匠精神。

（3）尊重事实，质量意识。

三、工作任务示例

（一）背景

某串联物料输送系统及并联物料输送系统，如图 2－1－1、图 2－1－2 所示，已知物料沿箭头方向经泵 A、阀门 B、阀门 C 顺序进入，泵 A、阀门 B、阀门 C 的可靠度分别为 0.95、0.9、0.9，试完成串联物料输送系统和并联物料输送系统的事件树并进行分析。

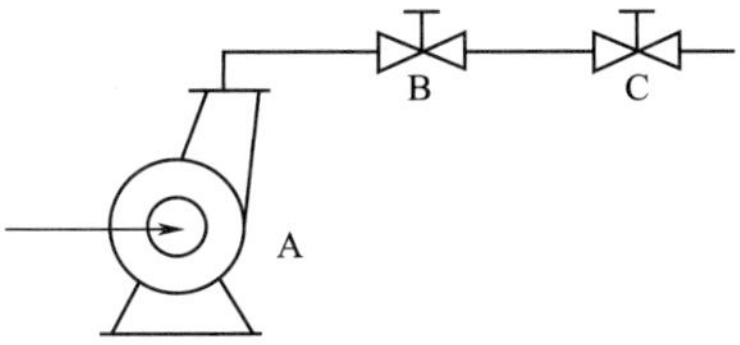

图 2-1-1

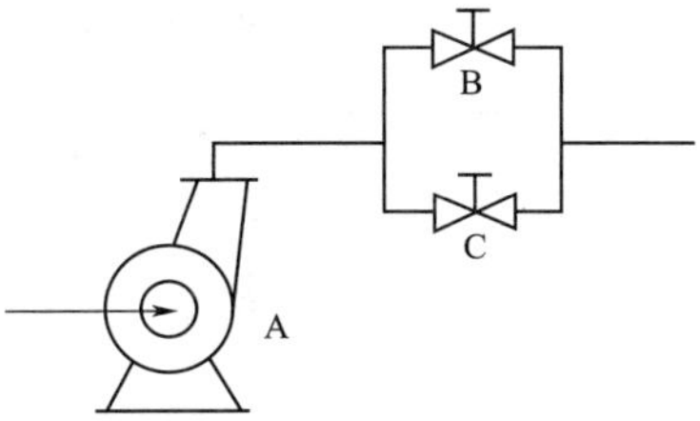

图 2-1-2

（二）分析过程

1. 确定初始事件——泵能否正常启动

初始事件是指事件树中在一定条件下造成事故后果的最初原因事件。它可以是系统故障、设备失效、人员误操作或工艺过程异常等。一般情况下分析人员选择最感兴趣的异常事件作为初始事件，本例选用泵能否正常启动作为初始事件进行分析。

2. 找出与初始事件有关的环节事件

出现在初始事件后一系列可能造成事故后果的其他原因事件称为环节事件。在这里，阀门 B 和阀门 C 能否正常启动即为环节事件。

3. 绘制事件树并简化

串联系统事件树如图 2-1-3 所示。

4. 计算并说明分析结果

(1) 串联系统事件树分析如图 2-1-4 所示。

串联系统的可靠度，即成功的概率为：$P(S)=P(A)\cdot P(B)\cdot P(C)$

系统失败的概率为：$F(S)=1-P(S)$

若已知 $P(A)=0.95, P(B)=P(C)=0.9$，代入上式得

$$P(S)=0.95\times0.9\times0.9=0.7695 \qquad F(S)=1-0.7695=0.2305$$

(2) 并联系统事件树分析如图 2-1-5 所示。

并联系统的可靠度，即成功的概率为：$P(S)=P(A)\cdot P(B)+P(A)\cdot[1-P(B)]\cdot P(C)$

系统失败的概率为：$F(S)=1-P(S)$

若已知 $P(A)=0.95, P(B)=P(C)=0.9$，代入上式得

$$P(S)=0.95\times0.9+0.95\times(1-0.9)\times0.9=0.9405$$

$$F(S)=1-P(S)=1-0.9405=0.0595$$

并联可靠度/串联可靠度：0.9405/0.7695=1.2

由串联和并联系统的可靠度计算结果可以看出：并联系统的可靠度比串联系统的可靠度提高了 1.2 倍，并联较串联可靠。

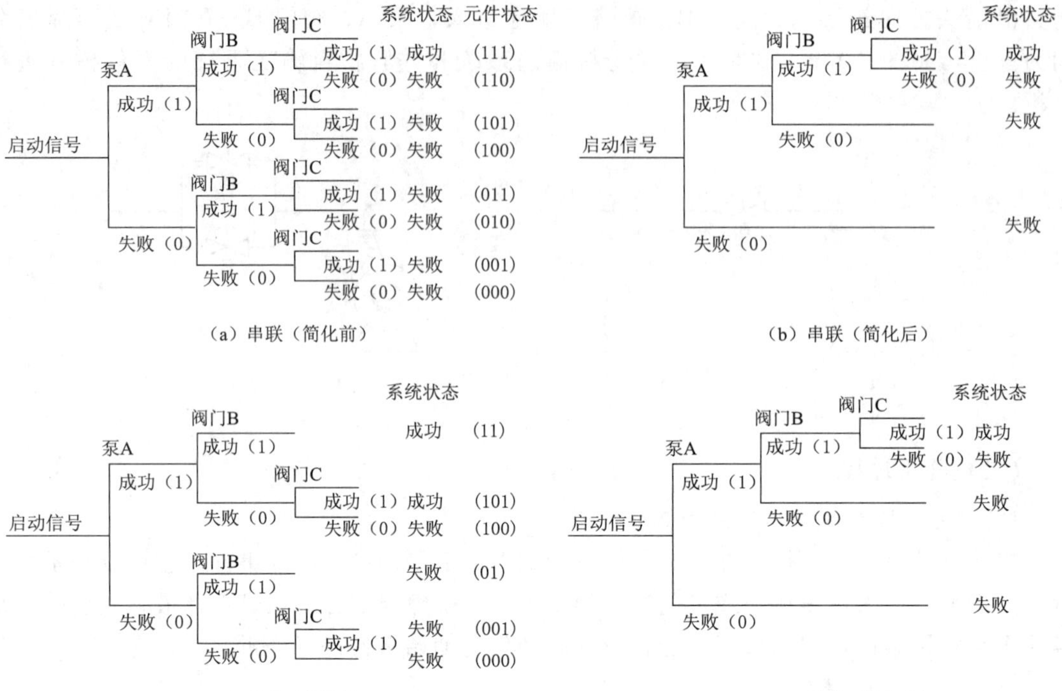

（a）串联（简化前）　（b）串联（简化后）

（c）并联（简化前）　（d）并联（简化后）

图 2-1-3　串联和并联系统事件树

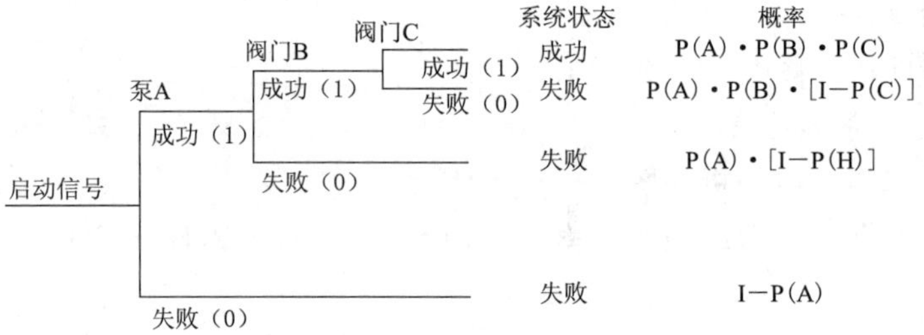

图 2-1-4　串联系统事件树分析图

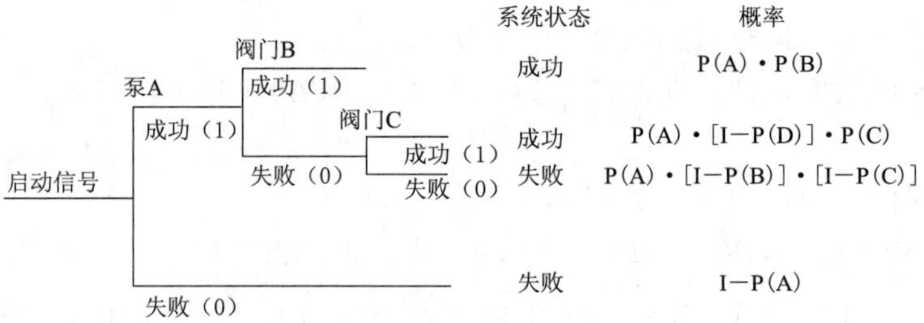

图 2-1-5　并联系统事件树分析图

四、任务分组

6～8 人一组，要求每组的事件树不能雷同。

五、考核标准

预习、课堂表现、成果整理、团队协作、出勤。

六、具体任务

从人的因素、物的因素、环境因素、管理因素四个方面作为初始事件对高处作业进行分析，画出四棵事件树，通过分析，找出避免高处作业发生事故的一些安全对策措施。

七、引导问题

问题一：系统定量分析方法有哪几种？

问题二：什么是事件树分析法？它与前面所学的分析方法有什么不同？

问题三：事件树分析是如何进行的？它有什么样的特点？

八、评价反馈

小组（学生）自评表、小组（学生）互评表、教师评价表见表2-1-1～表2-1-3。

表2-1-1　　小组（学生）自评表

任　　务	完成情况	任　　务	完成情况
任务完成情况（小组填）		任务创新情况（小组填）	
小组成员任务完成情况（个人填）		成果上交质量	
个人收获及建议			

表2-1-2　　小组（学生）互评表

任　　务	完成情况	任　　务	完成情况
任务完成情况（小组填）		任务创新情况（小组填）	
小组成员合作情况（小组填）		小组整体任务上交质量（小组填）	
小组成员任务完成情况（个人填）		成果上交质量（个人填）	
成员在小组中的表现（个人填）			

表2-1-3　　教师评价表

评价项目	自我评价	互相评价	小组评价	教师评价	综合评价
学习准备					
参与讨论					
实训表现					
作业完成情况					
展示汇报					
评价分为A（优秀）、B（良好）、C（及格）、D（不及格）四级					

九、相关的知识储备

（一）事件树分析定义及原理

事件树分析（Event Tree Analysis，ETA），又称为决策分析法（简称 DTA），它是一种按事故发展的时间顺序由初始事件开始推论可能的后果，从而进行危险源辨识的方法，是一种以图形表示的、形状呈树枝状的动态分析过程。

原理：事件树分析法是一种时序逻辑的事故分析方法，它以一初始事件为起点，按照事故的发展顺序，分成阶段，一步一步地进行分析，每一事件可能的后续事件只能取完全对立的两种状态（成功或失败，正常或故障，安全或危险等）之一的原则，逐步向结果方面发展，直到达到系统故障或事故为止。所分析的情况用树枝状图表示，故叫事件树。它既可以定性地了解整个事件的动态变化过程，又可以定量计算出各阶段的概率，最终了解事故发展过程中各种状态的发生概率。

（二）事件树分析的过程

1. 确定初始事件

初始事件的选定是事件树分析的重要一环，初始事件应当是系统故障、设备故障、人为失误或是工艺异常，这主要取决于安全系统或操作人员对初始时间的反应。如果所选定的初始事件能直接导致一个具体事故，事件树就能较好地确定事故的原因。在事件树分析的绝大多数应用中，初始事件是预想的，装置设计包括装置、防护围栏或工艺方法，是用来对初始事件做出反应，并降低或消除初始事件影响的。

2. 找出环节事件

环节事件可看作对初始事件依次做出响应的安全功能事件，即可能成为防止初始事件造成不期望后果的预防措施。

3. 编制事件树

把初始事件写在最左边，各个环节事件按顺序写在右面，从初始事件画一条水平线到第一个环节事件，在水平线末端画一垂直线段，垂直线段上端表示成功，下端表示失败，再从垂直线两端分别向右画水平线到下一个环节事件，同样用垂直线段表示成功和失败两种状态，以此类推，直到最后一个环节事件为止。如果某一个环节时间不需要往下分析，则水平线延伸下去，不发生分支，如此便得到事件树。

4. 说明分析结果

在事件树最后面写明由初始事件引起的各种事故结果或后果，为清楚起见，对事件树的初始事件和各环节事件用不同字母加以标记。

（三）事件树分析的优缺点

1. 优点

ETA 方法是一种图解形式，层次清楚。既可看作是 FTA 的补充，可以将严重事故的动态发展过程全部揭示出来；也可以看作是 FMEA（故障类型和影响分析）的延伸。在 FMEA 分析了故障类型对于系统以及系统产生的影响的基础上，结合故障发生概率，可以对多阶段、多因素复杂事件动态发展过程，特别是对大规模系统的危险性及后果进行定性、定量地辨识，并分析其严重程度。对影响严重的故障进行定量分析。

ETA 方法优点：概率可以按照路径为基础分到节点；整个结果的范围可以在整个树中得到改善；事件树从原因到结果，概念上比较容易明白；事件树是依赖于时间的；事件树在检查系统和人的响应造成潜在事故时是理想的。

2. 缺点

ETA 方法缺点：事件树成长非常快，为了保持合理的大小，往往使分析必须非常粗；缺少像 FTA 中的数学混合应用。

任务二　事故树分析法

一、学习情景

1975 年 8 月 4—7 日河南省中部的一场特大暴雨（通称“75·8”暴雨）造成板桥、石漫滩 2 座大型水库，田岗、竹沟 2 座中型水库和 58 座小型水库漫溢垮坝。洪汝河、沙颍河等骨干河道多处决口。驻马店、许昌、周口等地区 29 个县 12000km^{2}的土地受淹。有 1700 万亩[1]耕地、1100 万人受灾，2.6 万人惨遭灭顶，直接经济损失近百亿元。堪称近代水利史上的一次重大灾害。

（一）板桥水库工程概况

1. 水库修建

板桥水库是 20 世纪 50 年代初期，在淮河流域治理中最早兴建的一批综合利用的大型水利工程之一，用于防洪、灌溉、发电和养鱼。大坝位于河南省驻马店市以西 45km、泌阳县板桥乡境内的汝河上。控制流域面积 762km^2，多年平均年径流量 2.8 亿 m^3。由于设计时水文资料很少，设计洪水采用以 1921 年为典型年再加成的办法推算，洪峰流量仅为 1390m^3/s，水库设计水位 110.9m。大坝的河床段为黏土心墙砂壳坝，在两岸台地段为均质土坝。建成时最大坝高为 21.5m，坝顶长 1700m、宽 8m，上游坝坡 1∶3、1∶6，下游坝坡 1∶2.5、1∶6，已拦蓄的总库容为 2.44 亿 m^3。

溢洪道位于坝的右侧岸边。宽 80m，长 340m，进口分 4 孔，每孔净宽 10m。有高 4.5m 的弧形闸门控制。堰顶高程 110.34m。最大总泄量 450m^3/s。此外，坝的右坝座肩设有直径 3.2m 的输水洞，最大泄量 13m^3/s，其进口底高程为 93.00m，系引水供下游两岸灌溉和坝后电站发电用。水电站装机 3×250kW，灌溉分水闸和节制闸位于电站尾水渠和输水洞下游，可灌溉农田 23 万亩。工程于 1951 年动工，1953 年建成。总投资当时币值 2791 万元。

2. 运行、加固和洪水复核

蓄水运行后不久，发现坝体沉陷并严重开裂，乃于 1956 年进行加固扩建，采用苏联国家标准（3999—48），按 100 年一遇洪水设计，1000 年一遇洪水校核，校核洪峰流

[1] 1 亩≈666.67m^2。

量为 5080m³/s。加固方法经国内外专家多次论证后，采用对原坝体进行大开膛方案。即在坝上开挖长 1300m、宽 30m、深 29.5m 的槽，再重新回填土料压实。同时坝顶加高 3m，相应坝顶高程为 116.34m，最大坝高 24.5m，坝顶宽 6m、长 2020m。最大库容增加为 4.92 亿 m³。此外，还在右岸的天然山坳内增建一座副溢洪道，宽 300m、长 340m，堰顶高程 113.94m，最大泄量 1160m³/s。此后，于 1964 年和 1972 年汛期均出现洪峰流量远远超过校核洪水流量，甚至大于 6000m³/s 的大洪水，虽未发生险情，但已说明工程的实际防洪能力偏低。遂分别于 1965 年和 1973 年又进行两次洪水复核。1965 年采用水利电力部 1964 年编制的《水工建筑物设计洪水计算规范草案（修正稿）》进行频率计算。1973 年则按同一规范利用 1951—1972 年的 22 年洪水资料计算。3 次洪水复核结果见表 2-2-1。

表 2-2-1　　　　　　　　板桥水库历次洪水复核结果

项　目		1955 年	1965 年	1973 年	"75·8" 实况
设计	标准	100 年一遇			
	库水位/m	114.76	114.76	113.93	
	洪峰/(m^3/s)	3300	6630	8950	
	3 日洪量/亿 m^3	2.24	2.48	2.88	
校核	标准	1000 年加 20%		1000 年加 10%	
	库水位/m	116.14	112.31	116.41	117.94
	洪峰/(m^3/s)	5083	11850	15040	13000
	3 日洪量/亿 m^3	3.3	4.32	4.75	6.97
	库容/亿 m^3	—	4.92	5.08	6.09
坝顶高程/m		—	116.34	117.24	116.34
防浪墙加高程/m		—	117.64	118.54	117.64

从表 2-2-1 中可见，据 1973 年的复核结果可知千年一遇洪水入库洪峰已高达 15040m³/s。

（二）"75·8" 暴雨和洪水

1975 年 8 月 3 日 2：00，7503 号台风在福建省晋江县登陆后，经过江西、湖南转变为低气压，在河南省洪汝河、沙颍河上空停滞徘徊达 20h 之久。造成当地 5—7 日内普降大雨，雨量超过 400mm 的地区有 16890km²，超过 600mm 的地区有 8200km²。超过 1000mm 的地区有 1573km²，造成历史上罕见的大洪水。最大暴雨带呈西北—东南方向分布，位于伏牛山麓的迎风坡，即洪汝河、沙颍河和唐白河上游，大雨时劲吹东北风。暴雨中心在汝河板桥水库上游的林丘和洪河石漫滩水库上游的油房山等地。5—7 日三天雨量在林庄为 1605.3mm，在油房山为 1411mm。暴雨的时程分布呈双峰型，5 日、7 日雨量大；6 日雨量较小。尤其 7 日这一天的雨量达 1005.4mm，占总量的 62.6%，最大 6h 雨量达 830.1mm，对水阵安全运行十分不利。

在板桥水库内，发生两次入库洪峰：第一次在 5 日 14：00—6 日 2：00，最大入库流量为 7500m^3/s；第二次在 7 日 12：00—8 日 8：00，最大入库流量达 13000m^3/s。全流域平均降雨量为 1028.5mm，总计入库水量达到 6.79 亿 m^3。

（三）失事经过

（1）流域降雨前，当地正在抗旱。8 月 5 日 18：00 水库水位为 107.86m，已经超过汛前限制水位（106.66m）1.20m。水库超蓄水量 0.32 亿 m^3。

（2）5 日 19：00—6 日 6：00，全流域猛降暴雨。坝址处实测雨量 448.1mm，其中最大时降雨量 142.8mm、水库管理局院内积水深 1m 多，70 余间房屋倒塌，砸坏电话总机，使内外通信全部中断，基本上与省一级失去联系。

（3）此后，水库水位开始上涨。到 6 日 1：00 库水位涨过溢洪道顶，达到 110.85m。溢洪道闸门于 6 日 5：48 水位涨到 112.06m 时，才局部开启 0.5m，6：17 提升为 1.0m 开度。在近 11h 内，库水位上涨 4.2m。构成第一次涨水高峰，最大入库流量已达 7500m^3/s。

（4）6 日上午地委通知：下游“遂平堤防正在抢险堵口，经请示，现在不要加大泄量”。因而直到 6 日 12：30 溢洪道闸门才提出水面，开度增为 2m。

（5）输水道闸门在 6 日 15：48、库水位于 112.44m 时，才开始局部打开 1.5m，此时与主溢洪道的总泄水量仅 265m^3/s。6 日 22：00 地区防汛指挥部通知“泄水 400m^3/s，其中溢洪道 300m^3/s，输水道 100m^3/s”。据此，溢洪道闸门开启 2.5m。7 日 1：00，输水道全开。此时，库水位已达 112.9m，总泄水量仅 382m^3/s。

（6）7 日继续降雨，9：00 召开有地区领导和当地驻军首长参加的紧急防汛会议，决定请部队帮助恢复通信，并催要防汛器材、疏散副溢洪道下游群众，准备泄洪。

7 日 10：00 溢洪道下游 1～3 级跌水发生远驱水跃，坝下游台地出现翻砂冒泡现象，但为了保护溢洪道出口消力池不被冲毁，主溢洪道闸门在 7 日 12：50—15：53，两次减小闸门开度，第一次从开度 3m 降低到 2.2m，第二次又继续降低到 2m。

（7）7 日运到一部 10 门电话总机，一度恢复通信，但仍不正常。到 14：00；通信联络又完全中断。17：00 起全流域又降特大暴雨，管理局内部对于开闸泄洪出现分歧；有人坚持主溢洪道只有水位达到校核水位 116.14m 后，才能全开。强调副溢洪值泄水后，会被水流拉切（冲刷）扩大，增大泄量可保大坝安全；有人则持不同意见。争执直到 19：15 才平息，决定闸门全开。但要增加闸门开度时，又发生机电故障，直到 7 日 20：30 才恢复全开。而此时库水位已涨过设计洪水位，离坝顶高程不足 0.60m。据估计这段时间里，由于闸门降落要比全开少泄 2000 万 m^3 水量。

（8）7 日 17：00—8 日 1：00，坝址实测雨量 784mm，库水位从 114.79m 升高到 117.94m，在 8h 内升高 3.15m，构成第二个涨水高峰。入库最大流量近 13000m^3/s。当时水文测量人员仍在坝上继续工作。先用溢洪道侧的自记水位计和坝坡上的水尺量测水位，到 7 日 17：00 和 24：42，水位计和水尺相继淹没后，改用临时水尺测读。大坝漫顶后，人员撤到南岸山坡在树上砍记水痕，在垮坝水位急峰过程中又每隔 6min 测读一次水位，从而为事故全过程取得了完整可贵的水文资料。

（9）副溢洪道无闸门控制，于7日12：00开始过水，到21：00泄量为1050m^3/s。然而，其岩石地基并未发生拉切现象，仅弯道及下游边坡受冲刷，至此，扩大泄洪借以保坝的设想完全落空。

（10）此时，风雨交加、雷鸣电闪。20：03以后，现场步话机联络中断。20：30部队向下游多次发射红色信号弹。22：00再发10发信号弹、鸣枪40发，向下游群众告警。但因用意不明无济于事。10：00收到部队转来地区指挥部20：00发出的电报，主要保坝安全。

（11）库水位在7日20：41达到校核洪水位116.41m，21：30与坝顶齐平，23：05与防浪墙顶齐平。此时总泄水量虽达3953m^3/s，但入库流量递增到12790m^3/s，3倍于总泄水量，终于在23：30开始漫过防浪墙顶。8日1：00库水位高过墙顶0.30m，漫顶水流开始冲刷坝顶和下游面。

（12）7日22：10和8日0：20管理局发信息要求炸掉副溢洪道以求保坝，信息中断。

（13）时值子夜，坝上照明中断一片漆黑。在暴风雨中留在坝上人员凭借闪电亮光，依稀看到坝面高高低低、积水成潭，部分防浪墙被水推倒，库水从缺口涌出冲刷坝壳、最后在原主河道段的坝体最高处冲开决口。事后了解，这里正是1956年没有加固的地点，因而黏土心墙单薄，砂质坝壳很厚，再则这里施工时清基不彻底，因而沉陷量最大。

（14）8日1：30坝上决口扩大开始溃坝、库水位骤降。水面负波沿水库面逆向传播，于2：00到达上游距坝7.2km的祖师庙水文站。2：57出现最大垮坝流量78100m^3/s。此时降雨强度减弱，4：00降雨基本停止。7：00水位泄降到98.2m，相应的库容仅0.047亿m^3。下泄水量约7.1亿m^3，前后历时5.5h。整个洪水和溃坝过程详见表2-2-2。板桥大坝顶长2020m、底长1350m（99.00m高程），失事后坝顶和下游面的砂壳被冲光。黏土心墙顶部3～6m被冲走。溃决的口门顶宽372m（115.54m高程，桩号1＋205～1＋580），其南端距输水道启闭机房约100m，口门底宽210m（86.00m高程），冲走土石料超过100万m^3，决口下游冲刷成深11m的坑潭，但又被随后而来的水库淤积物填充。

试用事故树分析法分析该事故产生原因及预防此类事故的方法。

二、学习目标

1. 知识目标

掌握事故树分析的程序，会计算最小割集、最小径集、结构重要度、顶上事件发生的概率、概率重要度和临界重要度。

2. 技能目标

具备运用事故树进行定性、定量分析的能力。

3. 素质目标

（1）团结协作，科学严谨。

（2）诚实协作，工匠精神。

（3）尊重事实，质量意识。

表 2-2-2 板桥水库运行及失事情况简要说明

时间	闸门开启时间		相对库水位/m	输水道		电流发电流量/(m³/s)	主溢洪道		侧溢洪道流量/(m³/s)	总下泄流量/(m³/s)	相对库容/亿 m³	说明
	起(时:分)	讫(时:分)		闸门开度/m	流量/(m³/s)		闸门开度/m	流量/(m³/s)				
8月5日18:00			107.86		8	3				11	1.493	1975 年汛限水位 106.66m，相应库容 1.174 亿 m³，超蓄 0.319 亿 m³
8月5日20:00			107.98		8	3				11	1.529	超过汛限水位 1.32m，超蓄 0.355 亿 m³
8月5日0:00			110.36			3				3	2.298	库水位超过主溢洪道进水口高程 0.02m，超 1.124 亿 m³
8月6日5:00	5:45	5:48	112.06			3	0～0.5	65		68	2.953	
8月6日6:00	6:17	6:20	112.09			3	0.5～1.0	115		118	2.966	
8月6日12:00	12:25	12:30	112.22			3	1.0～2.0	159		162	3.021	主溢洪道闸门提出水面
8月6日15:00	14:36	15:48	112.44	0～1.5	60.1	3	2.0	184		247	3.112	
8月6日22:00	22:50	23:00	112.78	1.5	60.1	3	2.0～2.5	222		285	3.251	主溢洪道闸门提出水面
8月7日0:00	0:10	1:00	112.96	1.5～2.5	99.3		2.5	260		359	3.329	
8月7日1:00	1:50	2:00	113.11	2.5（全开）	100		2.5～3.0	282		382	3.397	主溢洪道闸门提出水面
8月7日12:00	12:47	12:50	114.24	2.5（全开）	102		3.0～2.2	361	10	473	3.926	主溢洪道闸门关小 0.8m
8月7日15:00	15:50	15:53	114.66	2.5（全开）	104		2.2～2.0	404	135	613	4.124	主溢洪道闸门又关小 0.2m
8月7日17:00	17:30	17:31	114.87	2.5（全开）	108		2.0～2.3	415	190	713	4.230	设计洪水位 114.76m，超过 0.11m（经当事人座谈讨论核定）
8月7日19:00	19:30	20:30	115.76	2.5（全开）	109		2.3～4.5（故障 1h）	641	641	1340	4.714	经当事人座谈讨论核定，库水位在 115.50～116.05m

三、工作任务示例

（一）背景

某施工单位在近 3 年的三峡工程大坝混凝土施工期间，由于违章作业、安全检查不够，共发生高处坠落事故和事件 20 多起，其中从脚手架或操作平台上坠落占高处坠落事故总数的 60%以上，这些事故造成人员伤亡，对安全生产造成一定损失和影响。为了研究这种坠落事故发生的原因及其规律，及时排除安全隐患，选择从脚手架或操作平台上坠落作为事故树顶上事件，编制事故树，并进行分析。

（二）分析过程

1. 熟悉系统，确定顶上事件

顶上事件——人从脚手架上坠落。

2. 构建事故树并对事故树进行简化

构建如图 2-2-1 所示事故树。

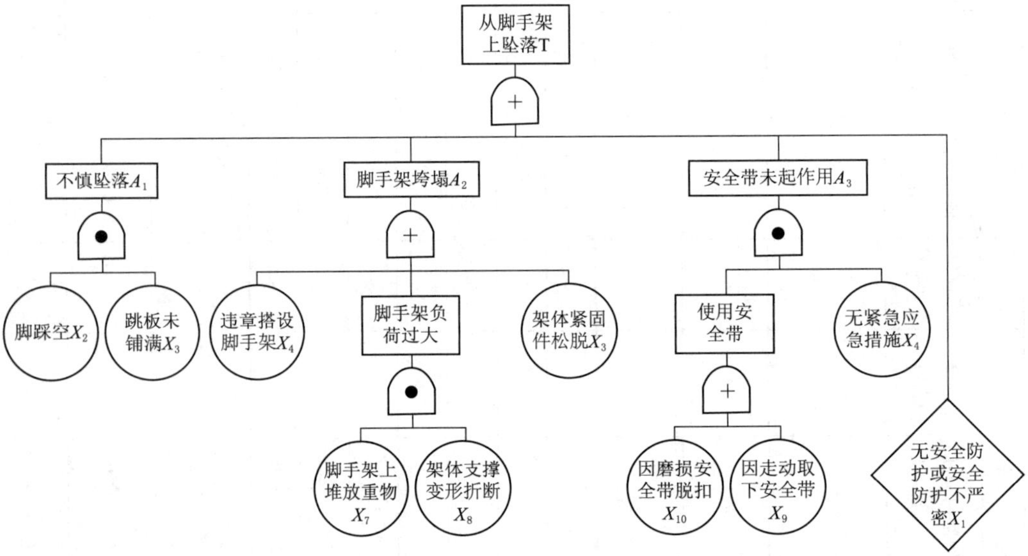

图 2-2-1 事故树

3. 事故树定性分析

（1）该事故树的最小割集：$E_1=X_1$、$E_2=X_4$、$E_3=X_5$、$E_4=X_2$、X_3、$E_5=X_7$、X_8、$E_6=X_6$、X_9、$E_7=X_6$、X_{10}，用最小割集表示的等效图如图 2-2-2 所示。由图可见，发生顶上事件的途径有 7 种。

（2）该事故树的最小径集：

$$\{X_1,X_2,X_4,X_5,X_7,X_9,X_{10}\}$$

$$\{X_1,X_2,X_4,X_5,X_7,X_6\}$$

$$\{X_1,X_2,X_4,X_5,X_8,X_9,X_{10}\}$$

$$\{X_1, X_2, X_4, X_5, X_6, X_8\}$$
$$\{X_1, X_3, X_4, X_5, X_7, X_9, X_{10}\}$$
$$\{X_1, X_3, X_4, X_5, X_7, X_6\}$$
$$\{X_1, X_3, X_4, X_5, X_8, X_9, X_{10}\}$$
$$\{X_1, X_3, X_4, X_5, X_6, X_8\}$$

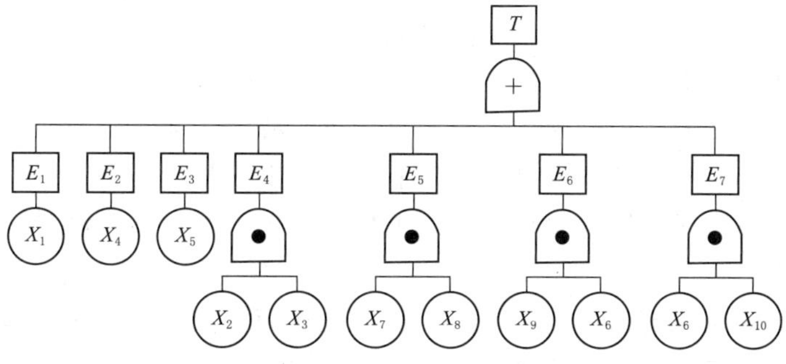

图 2-2-2　事故树等效图

（3）各基本事件的结构重要顺序：根据事故树及最小割集表示的等效事故树分析，X_1、X_4、X_5 最重要，处于同等地位；X_6 次之，X_2、X_3 和 X_7、X_8、X_9、X_{10} 处于同等地位，最不重要。

各基本事件的结构重要顺序为

$$L_1 = L_4 = L_5 > L_6 > L_2 = L_3 = L_7 = L_8 = L_9 = L_{10}$$

4. 事故树定量分析

（1）各基本事件发生的概率统计。根据某单位 1999 年 7 月—2001 年 12 月发生的从脚手架或操作平台上坠落事件统计，估算各基本事件发生的概率为：无安全防护或安全防护不严密（X_1），$q_1 = 0.27$ 次/月；脚踩空（X_2），$q_2 = 0.17$ 次/月；脚手架未满铺（X_3），$q_3 = 0.3$ 次/月；违章搭设脚手架（X_4），$q_4 = 0.2$ 次/月；脚手架坚固件松脱（X_5），$q_5 = 0.13$ 次/月；无安全紧急应急措施（X_6），$q_6 = 0.33$ 次/月；脚手架上堆放重物（X_7），$q_7 = 0.2$ 次/月；支撑变形折断（X_8），$q_8 = 0.1$ 次/月；安全带因走动而取下（X_9），$q_9 = 0.5$ 次/月；安全带因磨损而脱扣（X_{10}），$q_{10} = 0.2$ 次/月。

（2）顶上事件发生的概率。用近似法计算顶上事件的发生概率：

$$q = q_1 + q_4 + q_5 + q_2 q_3 + q_7 q_8 + q_6 q_9 + q_6 q_{10} = 0.902(\text{次/月})$$

由此可见，该事故树顶上事件 T 的发生概率在该施工单位每月接近 1 起，必须采取措施加以控制。

5. 预防对策措施

通过事故树分析，可以发现高处坠落事故的主要原因是：在临边洞口处施工无防护或防护设施不严密、不牢固；违章搭设脚手架或操作平台；脚手架或操作平台紧扣件紧固不牢以及安全带未严格按规定使用，且没有应急措施等。概括起来还是人的因素，即人的责任心和技术素质，当然，也不排除设备缺陷导致顶上事件发生的可能性。但操作者是否按规程规范作业、是否遵章守纪、责任心是否强等，是保证不发生高处坠落事故的关键。由此，提出并强调以下措施：

（1）高处作业的安全技术措施必须列入工程的施工组织设计，并逐级进行安全技术教育和交底。遇恶劣天气不得进行露天攀登与悬空高处作业。

（2）从事高处作业的人员必须经专门的培训考核合格后方可上岗，要求身体健康，没有不适于高处作业的疾病，并应定期进行体格检查。

（3）严格按规定挂设安全网，安全网必须合格有效，对安全网要定期进行检查清理。

（4）高处作业人员必须按规定系好合格的安全带，安全带要定期检查。

（5）用于高处作业的防护设施，不得擅自拆除，确因作业需要临时拆除时，必须经施工负责人同意，并采取相应的辅助措施，作业后应立即恢复。

（6）高空走道要按要求设置防护围栏，围栏的高度要合适。各种脚手架要按规定架设牢固，并有防滑措施。

（7）作业人员应从规定的通道上下，不得在作业面之间的非规定的地方攀登，也不得随意利用吊车臂架等施工设备进行攀登。

（8）支模应按规定的作业程序进行，模板未固定前不得进行下一道工序。严禁攀登连接件和支撑件，严禁在上下同一垂直面安装、拆卸模板。拆模高处作业，应配置登高用具或搭设支架。

（9）拆除的钢模作平台底模时，应分批拆除顶撑，然后按顺序拆下隔栅、底模，以免发生钢模在自重荷载作用下一次性大面积脱落。

（10）支模间歇过程中，应将支撑搭头、柱头板钉牢。拆模间歇过程中，应将已拆卸的模板、牵杠、支撑等运走或妥善堆放，防止因踏空、扶空而坠落。

通过实践发现事故树分析技术能帮助施工单位准确地找出发生事故的原因，并有针对性地制定事故防范措施。2001 年三峡工地高处坠落事故得到有效遏制，该类事故发生率比 2000 年下降了 30％。

四、任务分组

6～8 人一组，采用头脑风暴法进行讨论、分析，形成事故树，组与组的事故树要求不一样，组内每人选择的数据不能相同，通过分析，每个人形成自己的结果。

五、考核标准

预习、课堂表现、成果整理、团队协作、出勤。

六、具体任务

（1）对板桥水库垮坝事故进行调查分析，找出造成该事故的中间原因事件和基本原因事件，并分析各原因事件之间的逻辑关系。

（2）根据事故原因分析的结果，绘制板桥水库垮坝事故的事故树分析图。

（3）对该事故树进行定性和定量分析，找出事故发生的规律，求出事故发生的概率以及基本事件的危险重要度（其中，各基本事件的发生概率可任意选取：0.01、0.2、0.15、

0.04、0.025、0.3、0.015、0.1、0.05、0.06)。

(4) 用事故树绘制软件绘制所画事故树，用软件求出定性和定量分析结果，把所求的定性、定量分析结果和手算结果作比较，查看结果是否一致。一致，说明计算无误，不一致，说明计算有误。

(5) 根据事故树分析的结果，并结合水库失事的相关经验，搜集资料，制定预防和控制水库失事的措施。

七、引导问题

问题一：掌握事故树分析法了吗?

问题二：通过对案例的分析，能找到哪些板桥水库溃坝的原因?

问题三：是否知道事故树建树的方法及相关的事件符号和逻辑符号?

问题四：事故树定性分析、定量分析都需要做什么?

八、评价反馈

小组（学生）自评表、小组（学生）互评表、教师评价表见表2-2-3～表2-2-5。

表2-2-3　　小组（学生）自评表

任　务	完成情况	任　务	完成情况
任务完成情况（小组填）		任务创新情况（小组填）	
小组成员任务完成情况（个人填）		成果上交质量	
个人收获及建议			

表2-2-4　　小组（学生）互评表

任　务	完成情况	任　务	完成情况
任务完成情况（小组填）		任务创新情况（小组填）	
小组成员合作情况（小组填）		小组整体任务上交质量（小组填）	
小组成员任务完成情况（个人填）		成果上交质量（个人填）	
成员在小组中的表现（个人填）			

表2-2-5　　教师评价表

评价项目	自我评价	互相评价	小组评价	教师评价	综合评价
学习准备					
参与讨论					
实训表现					
作业完成情况					
展示汇报					
评价分为A（优秀）、B（良好）、C（及格）、D（不及格）四级					

九、相关的知识储备

（一）事故树分析的定义及特点

事故树分析（Fault Tree Analysis，FTA）是一种演绎推理法，它就是采用逻辑的分析方法，将事故的因果关系形象地描述为一种有方向的“树”：①以系统可能发生或已经发生的事故（称为顶事件）作为分析的起点，将导致事故原因的事件按照因果逻辑关系层层列出，用树形图表示出来，构成一种逻辑模型；②定性或定量地分析事件发生的各种可能途径及发生概率；③找出预防事故发生的各种方案并优选出最佳安全对策。

清晰形象、全面简洁、逻辑性强且直观，即能定性分析又能定量分析。

（二）事故树分析步骤

事故树分析的一般程序如图 2-2-3 所示。

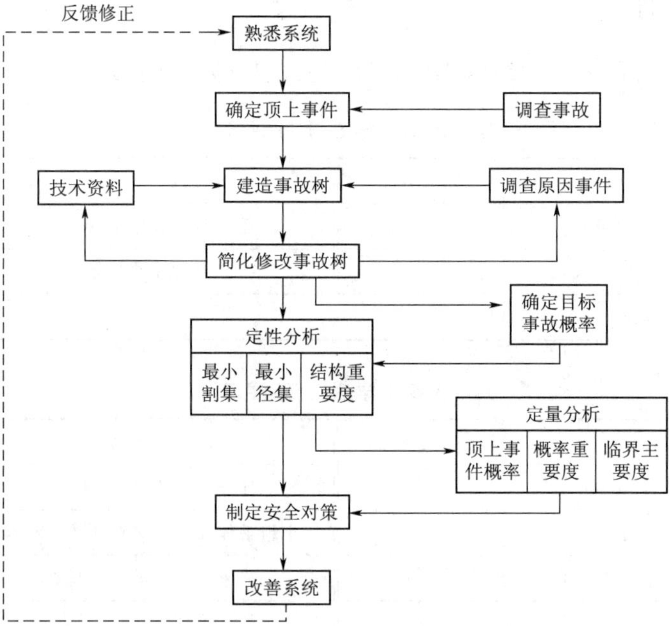

图 2-2-3　事故树分析的一般程序

（1）熟悉系统。要求全面详细了解系统状态、各种参数、作业环境及环境状况，必要时绘出工艺流程图或布置图。

（2）调查事故。收集事故案例，进行事故统计，设想给定系统可能发生的或即将发生的事故。

（3）确定顶上事件。要分析的对象即为顶上事件。对所调查的事故进行全面分析，从中找出后果严重且较易发生的事故作为顶上事件。

（4）确定目标。根据以往事故和同类事故的经验教训和事故案例，进行统计分析，求出事故发生的概率（频率），作为要控制的事故目标值。

（5）调查原因事件。调查与事故有关的所有原因事件和各种因素，包括设备故障、机械故障、操作者的失误、管理者指挥失误、环境因素等，尽量详细查清原因和影响。

（6）绘制故障树。从顶上事件起，按照演绎法，运用逻辑推理，逐级找出直接原因事件，直至最基本的原因事件为止，按其逻辑关系，画出故障树。

（7）定性分析。按故障树结构进行简化，求出故障树的最小割集和最小径集，确定各基本事件的结构重要度。根据定性分析的结论，按轻重缓急分别采取相应的对策。

（8）计算事故发生概率。确定所有原因事件发生的概率，标在故障树上，并进而求出顶上事件（事故）的发生概率。

（9）分析比较。比较分可维修系统和不可维修系统进行讨论，对于可维修系统，把求出的概率与通过统计分析得出的概率进行比较，如果两者不符，则重新研究，核查原因事件是否齐全，故障树逻辑关系是否清晰，基本原因事件的数值是否设定得过高或过低等。对不可维修系统，求出顶上事件发生概率即可。

（10）定量分析。定量分析通常包括：当事故发生概率超过预定的目标值时，要研究降低事故发生概率的所有可能途径，可从最小割集着手，从中选出最佳方案；利用最小径集，找出根除事故的可能性，从中选出最佳方案；求各基本原因事件的临界重要度系数，从而对需要治理的原因事件按临界重要度系数大小进行排队，或编出安全检查表，以求加强人为控制。

（11）制定安全对策。建造故障树的目的是查找隐患，找出薄弱环节，查出系统的缺陷，然后加以改进。在对故障树全面分析之后，必须制定安全措施，防止灾害发生。安全措施应在充分考虑资金、技术、可靠性等条件之后，选择最经济、最合理、最切合实际的对策。

（三）事故树的事件符合和逻辑符号

1. 事件符合

□：顶上事件、中间事件符号，需要进一步往下分析的事件。需注意的是顶上事件必须清楚明了，不能笼统。如“触电伤亡事故”“脚手架坠落事故”等具体事故。

○：基本事件符号，不能再往下分析的事件，即最基本的事件，可以说人的失误。设备故障、环境等原因。

⬠：正常事件符号，系统在正常情况下存在的事件。

◇：省略事件，表示不能或不需要向下分析的事件。

2. 逻辑门符号

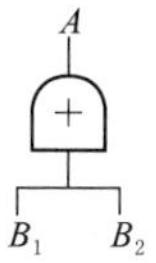

：或门，表示 B_1 或 B_2 任一事件单独发生（输入）时，A 事件都可以发生（输出）。

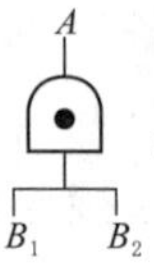

：与门，表示 B_1、B_2 两事件同时发生（输入）时，A 事件才发生（输出）。

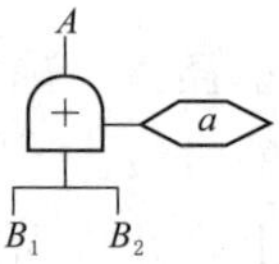

：条件或门，表示 B_1 或 B_2 任一事件单独发生（输入）时，还必须满足条件 a，A 事件才发生（输出）。

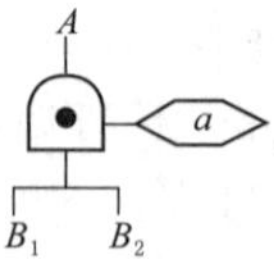

：条件与门，表示 B_1、B_2 两事件同时发生（输入）时：还必须满足条件 a，A 事件才发生（输出）。

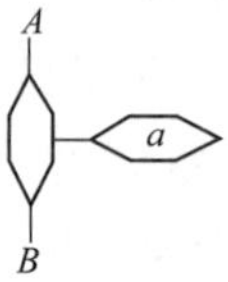

：限制门，表示 B 事件发生（输入）且满足条件 a 时，A 事件才发生（输出）。

：转入符号，表示在别处的部分树，由该处转入（在三角形内标出从何处转入）。

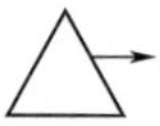
：转出符号，表示这部分树由该处转移至其他处，由该处转入（在三角形内标出向何处转移）。

（四）事故树建树的程序及注意事项

1. 事故树建树的程序

（1）首先确定系统的顶上事件，找出直接导致顶上事件发生的各种可能因素或因素的组合，即中间事件。

（2）在顶上事件与其紧连的中间事件之间，根据其逻辑关系画上逻辑门。

（3）然后再对中间事件进行类似的分析，找出直接原因，逐级向下演绎，直到不能分析的基本事件为止。

（4）这样就得到用基本事件符号表示的事故树。

2. 注意事项

（1）熟悉分析系统。

（2）循序渐进。

（3）选好顶上事件，顶上事件通常指不希望发生的故障事件，一般选择事故发生后损失或者影响比较大的事故或者发生频率比较高的事故，顶上事件必须具体清楚，不能模棱两可。

(4) 合理确定边界条件，边界划分不同，事故树分析的范围就不一样，直接影响到树的大小。边界太宽，有可能造成事故树过于庞大而无法编制和分析。

(5) 准确判明各事件间的因果关系和逻辑关系。

(6) 保持门的完整性，不允许门和门直接相连。

(7) 编制过程中及编成后，需及时进行合理的简化。如普通车床绞长发伤害事故：

第一步：确定顶上事件——车床绞长发。

第二步：找出造成顶上事件发生的原因事件——车床旋转，长发下垂且相互接触。

第三步：写出第三层，往下继续分析——车床旋转（基本事件），长发下垂（在有长发的前提下，未戴安全帽，或是戴了安全帽未将长发全部塞入安全帽）。

第四步：编号成树（图 2-2-4）。

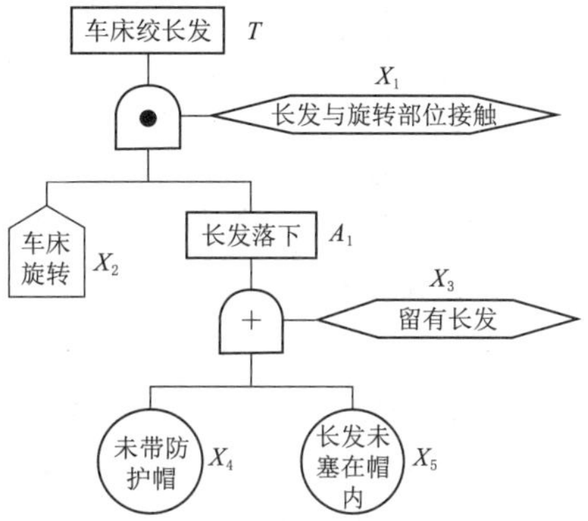

图 2-2-4　车床绞长发事故树

(五) 事故树定性分析概念、定量分析概念

事故树定性分析就是对故障树中各事件不考虑发生概率多少，只考虑发生和不发生两种情况。通过定性分析可以知道哪一个或哪几个基本事件发生，顶上事件就一定发生，哪一个事件发生对顶上事件影响大，哪一个影响小，从而可以采取经济有效的措施，防止事故发生。

事故树定性分析，就是根据故障树求取其最小割集和最小径集，计算各基本事件的结构重要度，在此基础上，确定预防事故的安全保障措施。

定量分析有两个目的：

(1) 首先是在求出各基本事件概率的情况下，计算顶上事件的发生概率，并根据所获得的结果与预定的目标进行比较。如果事故发生的概率及其造成的损失为社会所认可，则不必投入更多的人力、物力进一步治理。如果超出了目标值，就应采取必要的系统改进措施，使其降至目标值以下。

(2) 计算出概率重要系数和临界重要系数。通过这两个系数可以了解到要改善系统应从何处入手，以及根据重要程度的不同，按轻重缓急，安排人力、物力，分别采取对策，或按主次顺序编制安全检查表，以加强人的控制，使系统处于最佳安全状态。

(六) 最小割集的求法及作用

凡能导致顶上事件发生的最低限度基本事件的集合称为最小割集。在故障树中，有一个最小割集，顶上事件发生的可能性就有一种。故障树中最小割集越多，顶上事件发生的可能性就越多，系统就越危险。

1. 最小割集的求法

最小割集的求法有很多，主要用布尔代数法。

在故障树分析中常用逻辑运算符号（·）（+）将各个事件连接起来，这种连接式称为布尔代数表达式。在求最小割集时，要用布尔代数运算法则，化简代数式。

（1）结合律。

$$(A+B)+C=A+(B+C) \qquad (A\cdot B)\cdot C=A\cdot(B\cdot C)$$

（2）交换律。

$$A+B=B+A \qquad A\cdot B=B\cdot A$$

（3）分配律。

$$A\cdot(B+C)=(A\cdot B)+(A\cdot C) \qquad A+(B\cdot C)=(A+B)\cdot(A+C)$$

（4）等幂律。

$$A+A=A \qquad A\cdot A=A$$

（5）吸收律。

$$A+A\cdot B=A \qquad A\cdot(A+B)=A$$

（6）互补律。

$$A+A'=1 \qquad A\cdot A'=0$$

（7）对合律。

$$(A')'=A$$

（8）德·莫根律。

$$(A+B)'=A'\cdot B' \qquad (A\cdot B)'=A'+B'$$

【例 1】　（1）$(A+B)(A+C)(D+B)(D+C)$

（2）$[(A\cdot B)+(A\cdot B')+(A'\cdot B')]'$

【答】　$B\cdot C+A\cdot D$

$$\begin{aligned}
&[(A\cdot B)+(A\cdot B')+(A'\cdot B')]'\\
=&(A\cdot B)'\cdot(A\cdot B')'\cdot(A'B')'\\
=&(A'+B')\cdot(A'+B)\cdot(A+B)\\
=&(A'+B\cdot B')\cdot(A+B)\\
=&(A'+\Phi)\cdot(A+B)\\
=&A'\cdot(A+B)\\
=&(A'\cdot A)+(A'\cdot B)\\
=&\Phi+A'\cdot B\\
=&A'\cdot B
\end{aligned}$$

首先列出事故树的布尔表达式，即从事故树的第一层输入事件开始，“或门”的输入事件用逻辑“加”表示，“与门”的输入事件用逻辑“积”表示。再用第二层输入事件代替第一层，第三层输入事件代替第二层，直至事故树全体基本事件都代完为止（图 2-2-5）。布尔表达式整理后得到若干个交集，每一个交集就是一个割集，然后再利用布尔代数运算定律化简，就可以求出最小割集。用最小割集表示的等效事故树如图 2-2-6 所示。

2. 最小割集的作用

（1）表示系统的危险性。

（2）表示顶上事件发生的原因。

（3）为降低系统的危险性提出控制方向和预防措施。

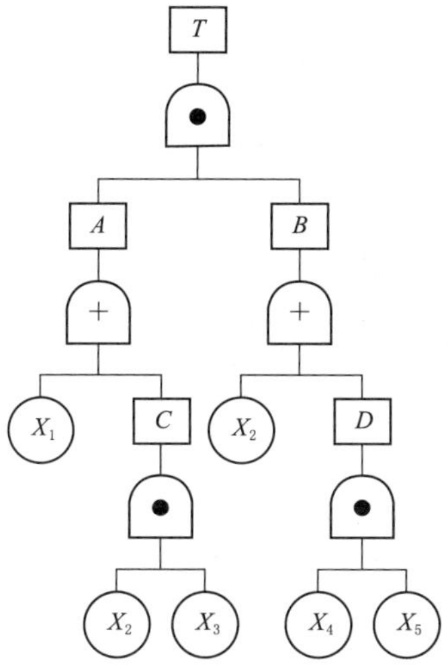

$$
\begin{aligned}
T&=AB\\
&=(X_1+C)(X_2+D)\\
&=(X_1+X_2X_3)(X_2+X_4X_5)\\
&=X_1X_2+X_1X_4X_5+X_2X_3X_2+X_2X_3X_4X_5\\
&=X_1X_2+X_1X_4X_5+X_2X_2X_3+X_2X_3X_4X_5\\
&=X_1X_2+X_1X_4X_5+X_2X_3+X_2X_3X_4X_5\\
&=X_1X_2+X_1X_4X_5+X_2X_3
\end{aligned}
$$

图 2-2-5 事故树及其布尔表达式

(4) 求出最小割集可以掌握事故发生的各种可能，为事故调查和事故预防提供方便。

(5) 事故的预防工作提供了非常全面的信息，这样就可防止头痛医头，脚疼医脚、挂一漏万的问题。

(6) 可以判定事故树中基本事件的结构重要度，并且可以方便地计算顶上事件发生的概率。

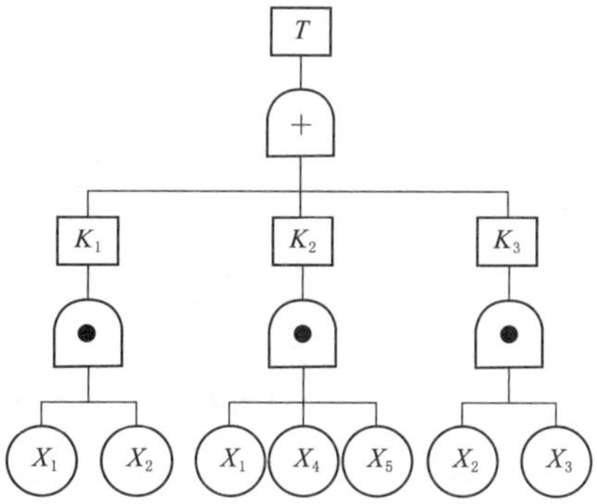

图 2-2-6 用最小割集表示的等效事故树

(七) 最小径集的求法及作用

凡不能导致顶上事件发生的最低限度的基本事件的集合称为最小径集。

事故树有一个最小径集，顶上事件不发生的可能性就有一种。最小径集越多，顶上事件不发生的途径就越多，系统也就越安全。

1. 最小径集的求法（图 2-2-7）

(1) 最小径集的求法是利用最小径集与最小割集的对偶性，首先画事故树的对偶树，即成功树，求成功树的最小割集，就是原事故树的最小径集。

(2) 成功树的画法是将事故树的“与门”全部换成“或门”“或门”全部换成“与门”，并把全部事件发生变成不发生，就是在所有事件上都加“—”，使之变成原事件补的形式。经过这样变换后得到的树形就是原事故树的成功树。

(3) 同理可知，画成功树时事故树的“与门”要变成“或门”，事件也都要变为原事件非的形式。

(4) 条件与门、条件或门、限制门的变换方式同上，变换时把条件作为基本事件处理。

(5) 用最小径集表示的等效树也有两层逻辑门，与用最小割集表示的等效树比较，所

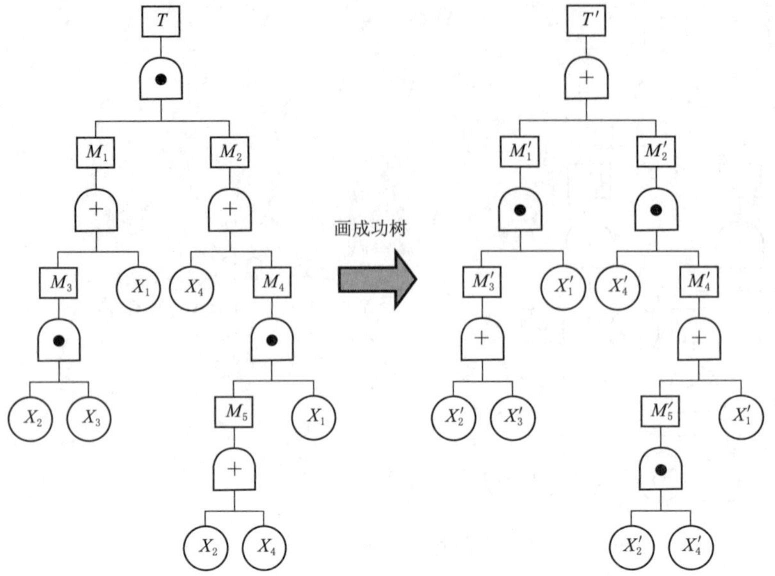

$$
\begin{aligned}
T' &= M_1' + M_2' \\
&= M_3' X_1' + X_4' M_4' \\
&= (X_2' + X_3') X_1' + X_4' (M_5' + X_1') \\
&= X_1' X_2' + X_1' X_3' + X_4' (X_2' X_4' + X_1') \\
&= X_1' X_2' + X_1' X_3' + X_4' X_2' X_4' + X_4' X_1' \\
&= X_1' X_2' + X_1' X_3' + X_2' X_4' + X_1' X_4' \\
(T')' &= (X_1' X_2' + X_1' X_3' + X_2' X_4' + X_1' X_4')' \\
T &= (X_1+X_2)(X_1+X_3)(X_2+X_4)(X_1+X_4)
\end{aligned}
$$

得4个最小径集：$P_1=\{X_1, X_2\}$，$P_2=\{X_1, X_3\}$，$P_3=\{X_2, X_4\}$，$P_4=\{X_1, X_4\}$

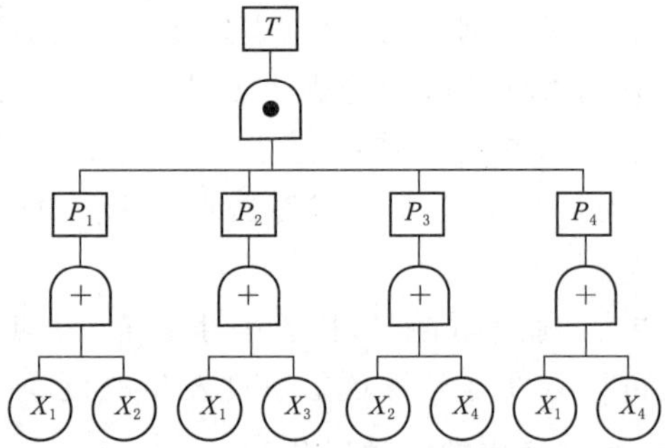

用最小径集表示的等效树图

图 2－2－7　最小径集的求法

不同的是两层逻辑门的符号正好相反。

2. 最小径集的作用

（1）表示系统的安全性。

（2）求出最小径集可以知道，要使事故不发生，有几种可能方案。

（3）提供了选择确保系统安全的最佳方案。

（4）利用最小径集同样可以判定事故树中基本事件的结构重要度，并计算顶上事件发生的概率。

（八）判别割（径）集数目的方法

判别割（径）集数目的方法如图 2－2－8 所示。

必须注意，用上述方法得到的割、径集数目，不是最小割、径集的数目，而是最小割、径集的上限。只有当事故树中没有重复事件时，得到的割、径集数目才是最小割、径集的数目。

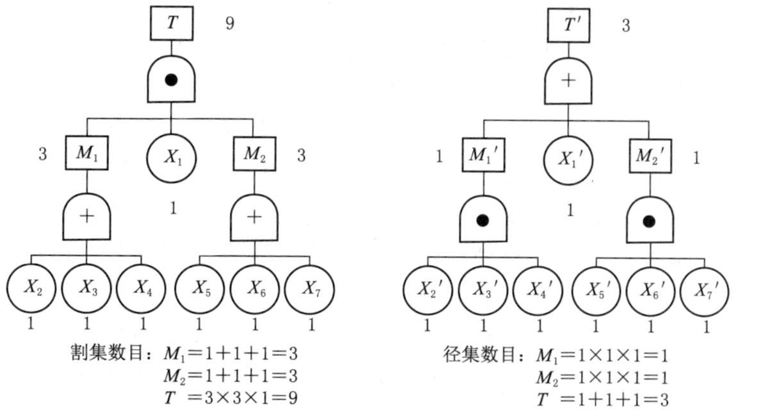

图 2-2-8　判别割（径）集数目

（九）用最小割集或最小径集进行结构重要度分析

1. 频率

当最小割集中的基本事件个数不等时，基本事件少的割集中的基本事件比基本事件多的割集中的基本事件结构重要度大。

某事故树的最小割集为：$\{X_1, X_2, X_3, X_4\}$，$\{X_5, X_6\}$，$\{X_7\}$，$\{X_8\}$

$$I_\phi(7)=I_\phi(8)>I_\phi(5)=I_\phi(6)>I_\phi(1)=I_\phi(2)=I_\phi(3)=I_\phi(4)$$

2. 频数

当最小割集中基本事件的个数相等时，重复在各最小割集中出现的基本事件，比只在一个最小割集中出现的基本事件结构重要度大；重复次数多的比重复次数少的结构重要度大。

某事故树有 8 个最小割集：$\{X_1,X_5,X_7,X_8\}$，$\{X_1,X_6,X_7,X_8\}$，$\{X_2,X_5,X_7,X_8\}$，$\{X_2,X_6,X_7,X_8\}$，$\{X_3,X_5,X_7,X_8\}$，$\{X_3,X_6,X_7,X_8\}$，$\{X_4,X_5,X_7,X_8\}$，$\{X_4,X_6,X_7,X_8\}$。

$$I_\phi(7)=I_\phi(8)>I_\phi(5)=I_\phi(6)>I_\phi(1)=I_\phi(2)=I_\phi(3)=I_\phi(4)$$

3. 既看频率又看频数

在基本事件少的最小割集中出现次数少的事件与基本事件多的最小割集中出现次数多的相比较，一般前者大于后者。

某事故树的最小割集为：$\{X_1\}$，$\{X_2, X_3\}$，$\{X_2, X_4\}$，$\{X_2, X_5\}$

$$I_\phi(1)>I_\phi(2)>I_\phi(3)=I_\phi(4)=I_\phi(5)$$

4. 用最小割集或最小径集进行结构重要度分析的 3 个公式

（1）公式一：

$$I_{\phi(i)}=\frac{1}{k}\sum_{j=1}^{k}\frac{1}{n_j}\quad j\in k_j$$

（2）公式二：

$$I_{\phi(i)}=\sum_{x_i\in k_j}\frac{1}{2^{n_j-1}}$$

（3）公式三：

$$I_{\phi(i)}=1-\prod_{x_i\in k_j}\left(1-\frac{1}{2^{n_j-1}}\right)$$

利用近似公式求解结构重要度排序时，可能出现误差。因此，在选公式时，应酌情选用。一般说来，对于最小割集中的基本原因个数相同时，利用三个公式均可得到正确的排序；若最小割集（最小径集）间的阶数差别较大时，公式二和公式三就可以保证排列顺序的正确；若最小割集（最小径集）间的阶数差别仅为1或2阶时，使用公式一和公式二就可能产生较大的误差。在上述三个近似计算公式中，公式三的所求精度最高。

对于最小割集来说，它与顶上事件用“或门”相连，显然最小割集的个数越少越安全，越多越危险。而每个最小割集中的基本事件与第二层事件为“与门”连接，因此割集中的基本事件越多越有利，基本事件少的割集就是系统的薄弱环节。可以通过以下途径改善系统的安全性。

（1）减少最小割集数，首先应消除那些含基本事件最少的割集。

（2）增加割集中的基本事件数，首先应给含基本事件少、又不能清除的割集增加基本事件。

（3）增加新的最小径集，也可以设法将原有含基本事件较多的径集分成两个或多个径集。

（4）减少径集中的基本事件数，首先应着眼于减少含基本事件多的径集。

（十）事故树定量分析

1. 顶上事件概率的计算

（1）利用最小割集的等效图计算顶上事件发生的概率。在事故树定性分析中，给出了最小割集的求法，以及用最小割集表示的事故树等效图。等效图的标准结构形式是顶上事件 T 与最小割集 E_i 的连接为“或门”，每个最小割集 E_i 与其基本事件 X_i 的连接为“与门”。

$$g(x_1+x_2+\cdots+x_n)=1-(1-q_1)(1-q_2)\cdots(1-q_n)=1-\prod_{i=1}^{n}(1-q_i)$$

式中　q_i——第 i 个基本事件的发生概率；

$\prod$——数学运算符号，求概率积。

1）列出顶上事件发生概率的表达式。

2）展开，消除每个概率积中的重复的概率因子 $q_iq_i=q_i$。

3）将各基本事件的概率值代入，计算顶上事件的发生概率。

如果各个最小割集中彼此不存在重复的基本事件，可省略第2）步。

【例2】 设某事故树有2个最小割集：$K_1=\{X_1,X_2\}$，$K_2=\{X_2,X_3,X_4\}$（图2-2-9）。各基本事件发生概率分别为：$q_1=0.5$，$q_2=0.2$，$q_3=0.5$，$q_4=0.5$。求顶上事件发生概率。

【答】

$$\begin{aligned}P_T&=1-(1-P_{k_1})(1-P_{k_2})\\&=1-(1-q_1q_2)(1-q_2q_3q_4)\\&=1-(1-q_1q_2-q_2q_3q_4+q_1q_2q_2q_3q_4)\\&=1-(1-q_1q_2-q_2q_3q_4+q_1q_2q_3q_4)\\&=0.5\times0.2+0.2\times0.5\times0.5-0.5\times0.2\times0.5\times0.5\\&=0.15-0.025=0.125\end{aligned}$$

（2）利用最小径集计算顶上事件发生的概率。用最小径集表示的故障树等效图标准形式是：顶上事件与最小径集的连接门是“与门”，基本事件与相应最小径集的连接门是“或门”。如果最小径集彼此没有重复基本事件，则可按下式计算：

$$g(X_1X_2\cdots X_n)=q_1q_2\cdots q_n=\prod_{i=1}^{n}q_i$$

【例 3】 设某事故树有三个最小径集：$P_1=\{X_1,X_2\}$；$P_2=\{X_3,X_4\}$；$P_3=\{X_5,X_6\}$（图 2－2－10），各基本事件发生的概率分别为：q_1，q_2，…，q_6；求顶上事件发生概率。

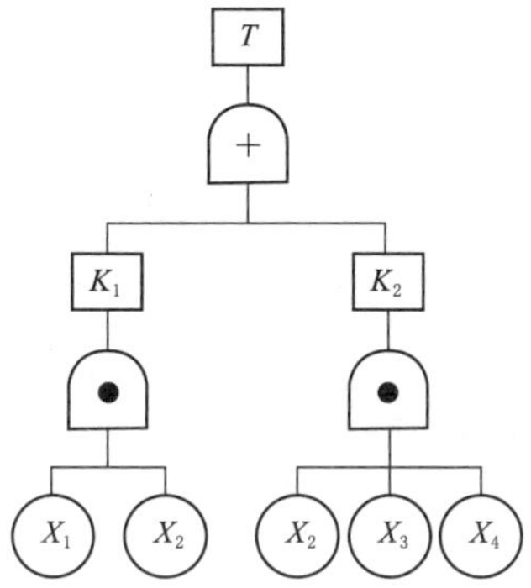

图 2－2－9　例 2 事故树图

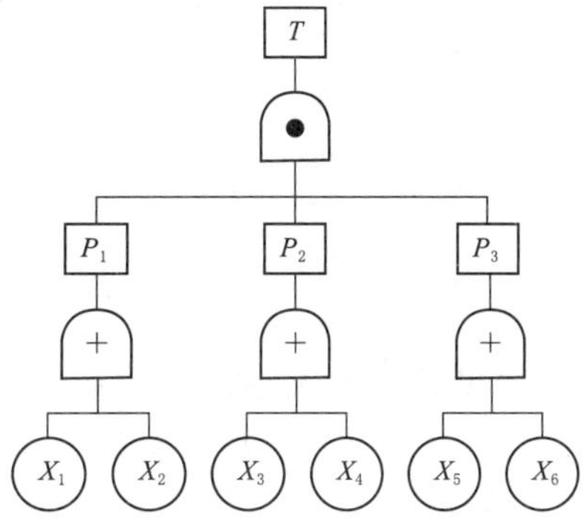

图 2－2－10　例 3 事故树图

【答】 第一步，绘制等效图。

第二步，求三个最小径集的发生概率。

三个最小径集的概率，可由各个最小径集所包含的基本事件的逻辑分别求出：

$q_{p_1}=1-(1-q_1)(1-q_2)$　$q_{p_2}=1-(1-q_3)(1-q_4)(1-q_5)$　$q_{p_3}=1-(1-q_6)(1-q_7)$

第三步，求顶上事件的发生概率（注意，如果有重复事件，需要把式子展开，消去重复事件 $1-q_i$）。

$$g=[1-(1-q_1)(1-q_2)][1-(1-q_3)(1-q_4)(1-q_5)][1-(1-q_6)(1-q_7)]$$

1）列出顶上事件发生概率的表达式。

2）展开，消除每个概率积中重复的概率因子 $(1-q_i)(1-q_i)=1-q_i$。

3）代入各基本事件的概率值，计算顶上事件的发生概率。

如果各个最小径集中彼此不存在重复的基本事件，可省略第 2）步。

2. 概率重要度

结构重要度分析是从事故树的结构上，分析各基本事件的重要程度。如果进一步考虑基本事件发生概率的变化会给顶上事件发生概率以多大影响，就要分析基本事件的概率重要度。

利用顶上事件发生概率 Q 函数是一个多重线性函数这一性质，只要对自变量 q_i 求一次偏导数，就可得出该基本事件的概率重要度系数。

$$I_{q(i)}=\frac{\partial Q}{\partial q_i}$$

【例 4】 设事故树最小割集为 $\{X_1,X_3\}\{X_1,X_5\}\{X_3,X_4\}\{X_2,X_4,X_5\}$。各基本事件概率分别为：$q_1=0.01$，$q_2=0.02$，$q_3=0.03$，$q_4=0.04$，$q_5=0.05$，求各基本事件概率

重要度系数。

【答】 顶上事件发生概率 Q 用近似方法计算时：

$$\begin{aligned}Q&=q_{k_1}+q_{k_2}+q_{k_3}+q_{k_4}\\&=q_1q_3+q_1q_5+q_3q_4+q_2q_4q_5\\&=0.01\times0.03+0.01\times0.05+0.03\times0.04+0.02\times0.04\times0.05\\&=0.002\end{aligned}$$

各个基本事件的概率重要度系数为

$$I_{q(1)}=\frac{\partial Q}{\partial q_1}=q_3+q_5=0.08 \qquad I_{q(2)}=\frac{\partial Q}{\partial q_2}=q_4q_5=0.002$$

$$I_{q(3)}=\frac{\partial Q}{\partial q_3}=q_1+q_4=0.05 \qquad I_{q(4)}=\frac{\partial Q}{\partial q_4}=q_3+q_2q_5=0.031$$

$$I_{q(5)}=\frac{\partial Q}{\partial q_5}=q_1+q_2q_4=0.0108$$

按概率重要度系数的大小排出各基本事件的概率重要度顺序：

$$I_{Q(1)}>I_{Q(3)}>I_{Q(4)}>I_{Q(5)}>I_{Q(2)}$$

3. 临界重要度

临界重要度系数 I_{C_i} 则是从敏感度和概率双重角度衡量各基本事件的重要度标准，其定义式为

$$I_{C_i}=\frac{\partial Q}{\partial q_i}\Big/\frac{Q}{q_i}$$

它与概率重要度系数的关系是

$$I_{C_i}=\frac{q_i}{Q}I_{q(i)}$$

（十一）结构重要度系数、概率重要度系数、临界重要度系数区别

结构重要度系数、概率重要度系数、临界重要度系数的区别见表 2-2-6。

表 2-2-6　　结构重要度系数、概率重要度系数、临界重要度系数区别

序号	系数类别	作　用
1	结构重要度系数	从事故树结构上反映基本事件的重要程度，反映了某一基本事件在事故树结构中所占的地位
2	概率重要度系数	反映基本事件概率的增减对顶上事件发生概率影响的敏感度，它起着一种过度作用，是计算其他两种重要度系数的基础
3	临界重要度系数	从敏感度和自身发生概率大小双重角度反映基本事件的重要程度，从结构及概率上反映了改善某一基本事件的难易程度

项目三　危险源辨识

任务一　辨识施工过程中危险源

一、学习情景

慧眼如炬，辨识施工过程的危险源。

二、学习目标

1. 知识目标

知道危险源的分类。

2. 技能目标

能够根据危险源的辨识方法辨识施工过程的危险源。

3. 素质目标

（1）团结协作，科学严谨。

（2）诚实协作，工匠精神。

（3）尊重事实，质量意识。

三、工作任务示例

1. 背景

某建筑施工队在城市一紧靠街道的旅馆工地拆除钢管脚手架。钢管紧靠建筑物，相距仅 2m；临街面架设有 10kV 高压线。由于街道狭窄，暂时无法解决距离过近的问题，而由于某些原因，又不能切断对高压线的供电。由于上午下过雨，施工时墙面仍比较湿。虽然上午安全员向工人反复强调要求立杆不要往上拉，应该向下放。但下午在二层工作的两名员工仍然违反了规定。他们在屋顶上将已拆除的一根钢管向上拉开一段距离后，以墙棱为支点，将管子压成斜向。当时一名员工还穿着化纤衣服。试按《生产过程危险有害因素分类与代码》（GB/T 13862—2009）的规定进行危险源辨识。

2. 分析过程

（1）物的不安全状态。高压线距建筑物过近。

（2）人的不安全行为。

1）钢管距高压线过近，未采取隔离措施。可能触电。

2）不按规定方法操作（将立杆往斜上方拉），可能触电。

3）使用防护用品问题：未穿劳保服装，化纤衣服易引起静电着火，或触电后着火。

（3）作业环境问题。

1）场地狭窄，可能碰伤、扭伤。

2）高空作业：高空坠落；高空坠物伤人。

（4）管理上疏漏。无危险作业程序，脚手架可能整体垮塌。

四、任务分组

6～8 人一组，通过查找涉及的相关标准、规范等资料找出危险源。

五、考核标准

预习、课堂表现、成果整理、团队协作、出勤。

六、具体任务

识别所描述施工场景的危险源，并提出相对应措施。

（1）场景一：根据施工安全知识，尽量找出危险源，以便知道日常安全施工（图 3-1-1）。

图 3-1-1　场景一

（2）场景二：找出图 3-1-2 中存在的危险源，并提出相对应的安全对策措施。

图 3-1-2　场景二

(3) 场景三：工人从卡车上卸钢筋作业，找出图 3-1-3 中存在的危险源，并提出相对应的安全对策措施。

(4) 场景四：钢筋工在马凳式脚手架上绑扎钢筋，找出图 3-1-4 中存在的危险源，并提出相对应的安全对策措施。

图 3-1-3 场景三

图 3-1-4 场景四

(5) 场景五：用载重汽车吊向下面仓面卸钢筋，找出图 3-1-5 中存在的危险源，并提出相对应的安全对策措施。

(6) 案例六：某水利工程危险源及事故类别分析。某大型水利工程项目跨多个省、市，建设周期超过 10 年，建筑形式主要包括渡槽、暗渠、隧道、涵洞等，工程包括河渠交叉建筑物多座，主体工程建设需完成大量土石方开挖钢筋混凝土构筑。目前正在施工的工程任务主要包括黄河水下穿越工程、三座桥梁、一条 500m 长的石质山体隧道和一段长 15km、宽 100m、深 50m 的明渠开挖工程。

问题：1) 根据《生产过程危险和有害因素分类与代码》（GB/T 13861—1992）分析该施工阶段存在哪些主要物理性和化学性危险及有害因素和部位。

2) 简述隧道施工工程中主要的伤亡事故类别及职业病类别。

(7) 案例七：某家具生产公司新厂选址危险源辨识。A 家具生产公司，随着市

图 3-1-5 场景五

场份额的不断增大，原有生产规模不能满足目前市场的需要。为填补市场家具供应的不足，公司决定选择新址建造新的家具加工基地。考虑到城市规划、企业生产、销售及成本方面的需要，公司决定选择既方便运输又方便物料存放的一开阔地作为新厂址。公司的具体论证方案如下。

1）公司地址。A公司地处某市开发区，与某精细涂料有限公司相邻，A公司以东10km的地方有一家生产甲醇的化工公司，该公司生产的甲醇主要通过A公司西侧相邻码头外运，之间通过铁路专线运输。为节省资金，A公司与精细涂料有限公司共同租赁了M公司的仓库，A公司租用3000m^2，用于储存材料和产品，精细涂料有限公司租用500m^2，租赁仓库归使用方管理。A公司生产的家具远销全国各地，全部通过汽车运输，由公司选定的通过OSHMS认证的运输商承运。

2）公司的主要机械包括电刨、电钻、电锯、小型轮式起重机、叉车、运输车辆等。

3）主要的生产过程包括材料运输和装卸、木材烘干、型材加工、组装、喷漆等。

问题：1）如果让你对该论证方案进行危险有害因素辨识，按照《企业职工伤亡事故分类标准》（GB 6441—1986）的事故分类，指出主要的危险因素及产生部位。

2）按照《企业职工伤亡事故分类标准》（GB 6441—1986）的事故分类，指出喷漆车间可能发生的主要事故。为避免这些事故的发生，请列举主要的防范措施有哪些。

七、引导问题

问题一：你知道什么是危险源吗？危险源分类是怎么分的？

问题二：你能够找出施工过程中的危险源吗？

八、评价反馈

小组（学生）自评表、小组（学生）互评表、教师评价表见表3-1-1～表3-1-3。

表3-1-1　小组（学生）自评表

任　务	完成情况	任　务	完成情况
任务完成情况（小组填）		任务创新情况（小组填）	
小组成员任务完成情况（个人填）		成果上交质量	
个人收获及建议			

表3-1-2　小组（学生）互评表

任　务	完成情况	任　务	完成情况
任务完成情况（小组填）		任务创新情况（小组填）	
小组成员合作情况（小组填）		小组整体任务上交质量（小组填）	
小组成员任务完成情况（个人填）		成果上交质量（个人填）	
成员在小组中的表现（个人填）			

表 3-1-3　　教 师 评 价 表

评价项目	自我评价	互相评价	小组评价	教师评价	综合评价
学习准备					
参与讨论					
实训表现					
作业完成情况					
展示汇报					
评价分为 A（优秀）、B（良好）、C（及格）、D（不及格）四级					

九、相关的知识储备

（一）危险源的定义

危险源指可能造成人员死亡、伤害、职业病、财产损失或其他损失的根源或状态。危险源是事故发生的根本原因。

危险源可分为第一类危险源和第二类危险源。

第一类危险源通常指生产过程中存在的，可能发生意外释放的能量（能源或能量载体）或危险物质；如产生、供给能量的装置、设备，如工作中发电机、变压器，油罐等，能量载体，如带电的导体、行驶中的车辆等，一旦失控可能产生巨大能量的装置、设备、场所，如强烈放热反应的化工装置等。

第二类危险源指导致能量或危险物质约束或限制措施破坏或失效的各种因素；通常为人的不安全行为、物的不安全状态、环境缺陷等问题。如人的行为结果偏离了被要求的标准，即没有完成规定功能的现象；机械设备、装置、元部件等由于性能低下而不能实现预定的功能的现象；人和物存在的环境，即生产作业环境中的温度、湿度、噪声、振动、照明或通风换气等方面的问题，会促使人的失误或物的故障发生。

（二）危险源的分类

1. 按照导致事故和职业危害的直接原因分类

具体可根据《生产过程危险和有害因素分类与代码》（GB/T 13861—2022）的规定分类。

（1）人的因素。包括心理、生理性危险有害因素；行为性危险有害因素。

1）心理、生理性危险有害因素。包括：①负荷超限（体力、听力、视力、其他）；②健康状况异常；③从事禁忌作业；④心理异常（情绪异常、冒险心理、过度紧张、其他心理异常）；⑤辨识功能缺陷（感知延迟、辨识错误）；⑥其他心理、生理性危险、有害因素。

2）行为性危险有害因素。包括：①指挥错误（指挥失误、违章指挥、其他指挥错误）；②操作失误（误操作、违章操作、其他操作失误）；③监护失误；④其他错误；⑤其他行为性危险有害因素。

（2）物的因素。

1）物理性危险有害因素。

2）化学性危险有害因素。包括：①易燃易爆性物质（易燃易爆性气体、易燃易爆性液体、易燃易爆性固体、易燃易爆性粉尘与气溶胶、其他易燃易爆性物质）；②自燃性物质；③有毒物质（有毒气体、有毒液体、有毒固体、有毒粉尘与气溶胶、其他有毒物质）；④腐蚀性物质（腐蚀性气体、腐蚀性液体、腐蚀性固体、其他腐蚀性物质）；⑤其他化学性危险有害因素。

3）生物性危险有害因素。包括：①致病微生物（细菌、病毒、其他致病微生物）；②传染病媒介物；③致害动物；④致害植物；⑤其他生物性危险、有害因素。

（3）环境因素。

1）室内作业场所环境不良。包括：房屋地基下沉，室内安全通道缺陷，房屋安全出口缺陷，采光照明不良，作业场所空气不良，室内温度、湿度、气压不适等。

2）室外作业场地环境不良。包括：恶劣气候与环境、作业场地和交通设施湿滑、作业场地狭窄、作业场地杂乱、作业场地不平等。

3）地下（含水下）作业环境不良。包括：地下作业面空气不良、地下火、冲击地压。

4）其他作业环境不良。

（4）管理因素。

1）职业安全卫生组织机构不健全。

2）职业安全卫生责任制未落实。

3）职业安全卫生安全管理规章制度不完善。

4）职业安全卫生投入不足。

5）职业健康管理不完善。

6）其他管理因素缺陷。

2. 参照事故类别进行分类

参照《企业职工伤亡事故分类》（GB 6441—86），综合考虑起因物、引起事故的诱导性原因、致害物、伤害方式等特点，将危险源和危险源造成的事故分为20类。此种分类方法所列的危险源与企业职工伤亡事故处理调查、分析、统计、职业病处理及职工安全教育的规定一致，简单且容易理解。

（1）物体打击。物体打击指物体在重力或其他外力的作用下产生运动，打击人体造成人身伤亡事故，不包括因机械设备、车辆、起重机械、坍塌等引发的物体打击。

（2）车辆伤害。车辆伤害指企业机动车辆在行驶中引起的人体坠落和物体倒塌、下落、挤压伤亡事故，不包括起重设备提升、牵引车辆和车辆停驶时发生的事故。

（3）机械伤害。机械伤害指机械设备运动（静止）部件、工具、加工件直接与人体接触引起的夹击、碰撞、剪切、卷入、绞、碾、割、刺等伤害，不包括车辆、起重机械引起的机械伤害。

（4）起重伤害。起重伤害指各种起重作业（包括起重机安装、检修、试验）中发生的挤压、坠落、（吊具、吊重）物体打击和触电。

（5）触电。触电包括雷击伤亡事故。

（6）淹溺。淹溺包括高处坠落淹溺，不包括矿山、井下透水淹溺。

（7）灼烫。灼烫指火焰烧伤、高温物体烫伤、化学灼伤（酸、碱、盐、有机物引起的体内外灼伤）、物理灼伤（光、放射性物质引起的体内外灼伤），不包括电灼伤和火灾引起的烧伤。

（8）火灾。火灾指各种起火情况造成的伤亡事故及损失。

（9）高处坠落。高处坠落指在高处作业中发生坠落造成的伤亡事故，不包括触电坠落事故。

（10）坍塌。坍塌指物体在外力或重力作用下，超过自身的强度极限或因结构稳定性破坏而造成的事故，如挖沟时的土石塌方、脚手架坍塌堆置物倒塌等，不适用于矿山冒顶片帮和车辆、起重机械、爆破引起的坍塌。

（11）冒顶片帮。冒顶片帮指地下开采作业面空间顶面和边帮岩石冒落、崩塌，是各类矿山、隧道、巷道开采较为直接的地质灾害。

（12）透水。透水是指各种巷道或矿坑作业面突然涌水的现象。

（13）放炮。放炮指爆破作业中发生的伤亡事故。

（14）火药爆炸。火药爆炸指火药、炸药及其制品在生产、加工、运输、贮存中发生的爆炸事故。

（15）瓦斯爆炸。

（16）锅炉爆炸。

（17）容器爆炸。

（18）其他爆炸。其他爆炸包括化学性爆炸（指可燃性气体、粉尘等与空气混合形成爆炸性混合物，接触引爆能源时发生的爆炸事故）。

（19）中毒和窒息。中毒和窒息包括中毒、缺氧、窒息和中毒性窒息。

（20）其他伤害。其他伤害指除上述以外的危险因素，如摔、扭、挫、擦、刺、割伤和非机动车碰撞、扎伤等。

3. 按照职业健康分类

参照卫计委颁发的《职业危害因素分类目录》，将危害因素分为粉尘、放射性物质、化学物质、物理因素、生物因素、导致职业性皮肤病的危害因素、导致职业性眼病的危害因素、导致职业性耳鼻喉口腔疾病的危害因素、职业性肿瘤的职业危害因素、其他职业危害因素等 10 类。

任务二　危险源辨识实例

一、学习情景

走一走，看一看，找一找，尝试运用不同的危险源辨识方法辨识校园中的危险源。

二、学习目标

1. 知识目标

知道危险源的分类及危险源辨识的基本方法有哪些。

2. 技能目标

能够运用危险源辨识的方法全面地、系统地找出校园中的危险源。

3. 素质目标

（1）团结协作，科学严谨。

（2）诚实协作，工匠精神。

（3）尊重事实，质量意识。

三、工作任务示例

1. 背景

某工程所在地属于华中亚热带季风气候，具有大陆气候特点：热量丰富，光照适宜，雨水充沛，光、温、水配合协调。一年四季分明，春季冷暖多变、阴雨连绵；夏季酷热多雨；秋季气候干燥；冬季寒冷干燥。气温季节性变化很明显，一月气温较低，极端最低气温−12.0℃；七月气温最高，极端最高气温39.7℃。月平均最低气温1.2℃，月平均最高气温33.3℃。

该项目多年平均降雨量1400.3mm，年内降水分配很不均，多集中在5—8月间。

该施工现场，存在有要供该段桩基施工、拌和站、架桥机、各类钢筋加工设备、零星附属加工设备及水泵使用的临时用电，试用所学过的危险源辨识方法辨识此施工场景中可能存在的关于电方面的危险源。

2. 分析过程

预采用按照不同的作业活动进行危险源的辨识与分析，把此施工现场涉及的作业活动逐一列出，根据作业活动，找出危险源与可能事故并列表，见表3-2-1。

表3-2-1　危险源与可能事故表

序号	作业活动	危险源	可能导致事故	控制措施
1	外电线路未做防护	大风刮断线路，电线搭在现场，造成短路或对地放电	人身触电	搭设外电线路、电网、变压器护栏设施
2	高大起重设备设施未加固	大风刮倒设备设施	砸伤人员	增加缆风绳固定，增强设备稳定性
3	野外施工、高大设备无避雷	造成雷击	雷电击伤	高大金属设备安装避雷装置
4	高大设备无防风设施	大风刮倒拌和楼水泥罐	物体打击	高大设备横向连接或加设缆风绳固定
5	电闸箱支架未固定	大风把电闸箱刮倒，造成电箱内线路短路	触电事故 引起火灾	电闸箱支架与相邻固定设施连接固定
6	发电机无防风雪设施	冬季大雪落在发电机接线端子上，雪水造成相间短路	触电事故 引起火灾	搭设防风防雪操作棚或安装在室内
7	移动式照明支架未固定	大风把支架刮倒，灯具破碎，灯丝外露造成短路	触电事故 引起火灾	移动照明支架与固定设施连接固定

续表

序号	作业活动	危　险　源	可能导致事故	控　制　措　施
8	现场架线电杆未加固	大风把电线杆吹倒，造成线路断裂，短路现象	人身触电 引起火灾	电线杆应增加缆风绳或扒杆固定
9	现场架体稳定性不强	大风天气易造成架体倒塌	多人事故	架体增设拉结点和缆风绳固定
10	高处作业	大风大雪天气，高处施工人员站立不稳	高空坠落事故	作业部位设防护栏，作业人员系安全带
11	雪后作业	脚手架、人行马道，桥面施工，积雪未清扫干净	滑倒到 伤人事故	雪后清扫积雪，增设防滑措施
12	机械操作	未搭设操作棚，大风大雪天气操作不稳定	机械伤害事故	机械加工区域，搭设操作防护棚
13	吊装作业	大风大雪天气吊装作业不稳定，视线不清，操作不灵活	吊装设备损坏 伤人事故	坚持“十不吊”，六级以上大风不进行吊装作业
14	电气焊操作	无防风雪设施，造成火花乱窜，点燃易燃物品	火灾伤人事故	搭设防风雪设施，控制火花飞溅挡板
15	潮湿环境施焊作业	未铺设绝缘板，施焊人员未穿绝缘鞋	触电事故	潮湿环境施焊应采取绝缘防护措施
16	风雨中抢险作业	作业人员场外作业、漏电保护器灵敏度过低	触电事故	作业人员按劳保规范着装，穿戴好绝缘鞋、绝缘手套，配置国标配电箱
17	乱倒污水	随意乱倒污水造成结冰	滑倒伤人	加强教育，严禁乱泼乱倒污水
18	夏季场外作业	夏季高温酷暑场外作业	中暑	合理避开高温作业时间，避免高温时间安排露天及高空作业。作业场所尽量搭设防晒遮阴篷，发放人丹、藿香正气水、风油精、清凉油等药品，作业现场配备绿豆汤、大叶茶等饮品

四、任务分组

6～8人一组，通过查找涉及的相关标准、规范等资料找出危险源。

五、考核标准

预习、课堂表现、成果整理、团队协作、出勤。

六、具体任务

识别校园中各处的危险源，并提出相对应措施。

七、引导问题

问题一：要想毫无遗漏地辨识出危险源，应该怎么有序辨识呢？

问题二：你知道危险源辨识的方法有哪些吗？

问题三：危险源辨识的步骤有哪些？

八、评价反馈

小组（学生）自评表、小组（学生）互评表、教师评价表见表3-2-2～表3-2-4。

表3-2-2　　小组（学生）自评表

任　务	完成情况	任　务	完成情况
任务完成情况（小组填）		任务创新情况（小组填）	
小组成员任务完成情况（个人填）		成果上交质量	
个人收获及建议			

表3-2-3　　小组（学生）互评表

任　务	完成情况	任　务	完成情况
任务完成情况（小组填）		任务创新情况（小组填）	
小组成员合作情况（小组填）		小组整体任务上交质量（小组填）	
小组成员任务完成情况（个人填）		成果上交质量（个人填）	
成员在小组中的表现（个人填）			

表3-2-4　　教师评价表

评价项目	自我评价	互相评价	小组评价	教师评价	综合评价
学习准备					
参与讨论					
实训表现					
作业完成情况					
展示汇报					
评价分为A（优秀）、B（良好）、C（及格）、D（不及格）四级					

九、相关的知识储备

利用科学方法对生产过程的危险因素的性质、过程要素、触发因素、危险程度和后果进行分析和研究，并做出科学判断，为控制由危险源引起的事故提供必要的可靠依据。

危险源在没有触发之前是潜在的，常不被人们所发现和重视，危险源辨识就是发现、辨识系统中危险源的工作，主要从物的不安全状态、人的不安全行为、管理缺陷和作业环境缺陷四个方面去发现危险为什么会发生，怎么发生，后果是什么，怎么才能控制此类危险源发展为事故。

（一）危险源辨识的方法

识别施工现场危险源的方法有许多，如询问与交换、现场调查、现场观察、信息分析、员工座谈、工作任务分析、安全检查表、作业条件的危险性分析、事件树分析、事故树分析等分析方法。它主要分为两类，即直观经验分析法和系统安全分析法。

1. 直观经验分析法

直观经验分析法分为对照法和类比法。

(1) 对照法。对照法即对照有关标准、法规、检查表或依靠分析人员的观察分析能力，借助于经验和判断能力直观对评价对象的危险因素进行分析。

(2) 类比法。类比法即利用相同或相似工程系统或作业条件的经验和劳动安全卫生的统计资料来类推、分析评价对象的危险、危害因素。

2. 系统安全分析法

系统安全分析法是指应用某些系统安全工程评价方法进行危险、危害因素辨识。系统安全分析法常用于复杂、没有事故经历的新开发系统。常用的系统安全分析法有事件树分析法、事故树分析法、作业条件的危险性分析法、安全检查表分析法等。

3. 具体方法介绍

(1) 现场调查法。通过询问交谈、现场观察、查阅有关记录、获取外部信息，加以分析研究，可辨识出有关的危险源。

(2) 现场观察法。对施工现场生产场所条件、设备运行、工艺程序、人员组成、安全管理进行现场察看。

(3) 员工座谈法。召集有关安全、技术和作业人员等讨论分析存在的危险源。

(4) 工作任务分析法。通过分析施工现场人员工作任务中所涉及的危害，可辨识出有关的危险源。

(5) 系统安全分析方法（安全检查表分析法、事件树分析法、事故树分析法、作业条件危险性分析法），详见项目一。

(二) 危险源辨识的程序

危险源辨识的程序包括：前期准备、危险源的识别、风险评价、风险控制，如图 3-2-1 所示。

1. 危险源识别准备

收集国家、地方、行业关于职业健康安全方面的法律、法规、文件等资料的现行版本，掌握相关的规定。

划分作业活动，编制一份业务活动表，其内容包括厂房、设备、人员和程序，并收集其信息。

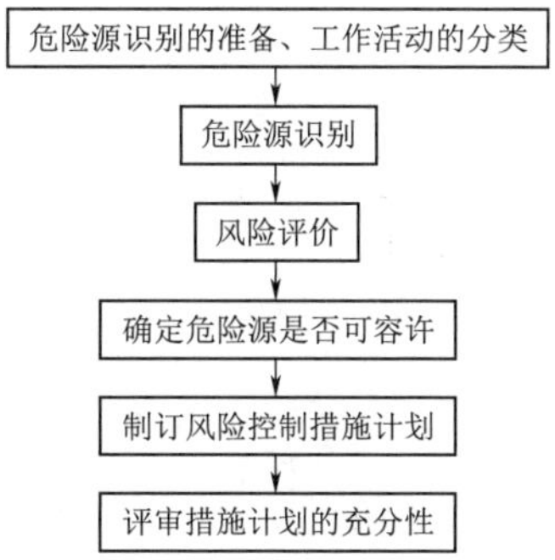

图 3-2-1　危险源辨识程序

2. 危险源的辨识

危险源辨识应全面、系统、多角度、不应有漏项，应充分考虑正常、异常、紧急 3 种状态以及过去、现在、将来 3 种时态，重点放在能量主体、危险物资及其控制和影响因素上，应考虑以下范围：①常规活动（如正常的生产活动和非常规的活动（如临时的抢修）；②所有进入作业场所的人员（包括员工、合同方人员、访问者）；③生产所有的设施，如建筑物、设备、设施（含自有的或租赁、分包商自带）。还应特别考虑如下的内容：①国家法律法规明确规定的特殊作业工种、特殊行业工种；②国家法律法规明确规定的危险设备、设施和工程；③具有接触有毒有害物质的作业活动和情况；④具有易燃易爆特性的作业活动和情况；⑤具有职业性健康伤害的作业活动和情况；⑥曾经发生和行业内容经常发生事故的作业和情况；⑦认为有单独进行评估需要的活动和情况。

可依据的有关法规有：《企业职工伤亡事故分类》（GB 6441—86）、《生产过程危险和有害因素分类与代码》（GB 13861—2009）、《职业病范围和职业病患者处理办法的规定》进行辨识。

3. 风险评价

风险评价是评估风险大小以及确定风险是否可容许的全过程。通常采用定性评价、定量评价的方法来判别风险的大小。由风险评价法和 LEC 法等系统安全分析的方法。判断现有的或计划的预防措施是否足以把风险控制在可承受的水平。

4. 风险控制

制订计划以控制评价中发现的、需要重视的任何风险，尤其是不可承受风险。针对已修正的控制措施，重新评价风险，检查风险是否可承受。

项目四　系统安全预测与决策

任务一　系 统 安 全 预 测

一、学习情景

表 4-1-1 是某企业 1988—1997 年某种伤亡事故死亡人数的统计数据，试用一元线性回归方法建立其预测方程。

表 4-1-1　　　　某企业 1988—1997 年某种伤亡事故统计表

年度	时间顺序 x	死亡人数 y	x^2	xy	y^2
1988	1	30	1	30	900
1989	2	24	4	48	576
1990	3	18	9	57	324
1991	4	4	16	16	16
1992	5	12	25	60	144
1993	6	8	36	48	64
1994	7	22	49	154	484
1995	8	10	64	80	100
1996	9	13	81	117	169
1997	10	5	100	50	25
合计	$\sum x=55$	$\sum y=146$	$\sum x^2=385$	$\sum xy=657$	$\sum y^2=2802$

二、学习目标

1. 知识目标

掌握安全预测的基本知识。

2. 技能目标

能够运用回归预测法进行系统预测。

3. 素质目标

（1）团结协作，科学严谨。

（2）诚实协作，工匠精神。

（3）尊重事实，质量意识。

三、工作任务示例

1. 背景

某企业 1997 年工伤人数的统计数据见表 4-1-2，用指数函数进行回归分析，预测该企业工伤人数趋势。

表 4-1-2　　某企业 1997 年的工伤人数统计数据

月份	时间序号 x	工伤人数 y	$y'=\ln y$	x^2	xy'	y'^2
1	1	15	2.708	1	2.709	7.333
2	2	12	2.485	4	4.970	6.175
3	3	7	10946	9	5.838	3.787
4	4	6	1.792	16	7.168	3.211
5	5	4	1.386	25	6.930	1.931
6	6	5	1.609	36	9.654	2.589
7	7	6	1.792	49	12.544	3.211
8	8	7	1.946	64	15.568	3.780
9	9	4	1.386	81	12.474	7.000
10	10	4	1.386	100	13.860	1.921
11	11	2	0.696	121	7.623	0.480
12	12	1	0.0	144	0.0	0.0
合计	$\sum x=78$		$\sum y'=19.129$	$\sum x^2=650$	$\sum xy'=99.337$	$\sum y'^2=36.336$

2. 分析过程

（1）首先对 $y=ae^{bx}$ 两边取自然对数得

$$\ln y=\ln a+\ln b \qquad y'=\ln y \qquad x'=\ln a \qquad y'=a'+bx$$

$$a'=\frac{\sum x\sum xy'-\sum x^2\sum y'}{(\sum x)^2-n\sum x^2}=\frac{78\times 99.337-650\times 19.129}{78^2-12\times 650}\approx 2.73$$

$$b=\frac{\sum x\sum y'-n\sum xy'}{(\sum x)^2-n\sum x^2}=\frac{78\times 19.129-12\times 99.337}{78^2-12\times 650}\approx -0.175$$

$$y=15.33\mathrm{e}^{-0.175x}$$

得出回归直线方程：$y=15.33\mathrm{e}^{-0.175x}$

（2）验证回归直线与实际数据的相符合性，求取相关系数。

$$L_{xy'}=\sum xy'-\frac{1}{n}\sum x\sum y'\approx -25.00$$

$$L_{xx}=\sum x^2-\frac{1}{n}(\sum x)^2=143$$

$$L_{y'y'}=\sum y'^2-\frac{1}{n}(\sum y)^2=5.84$$

$$\gamma=\frac{L_{xy'}}{\sqrt{L_{xx}L_{y'y'}}}\approx-0.87$$

$|\gamma|=0.87$，说明回归直线与实际数据变化趋势相符合，所以可以根据所建立的回归直线预测方程对以后的工伤人数趋势进行预测。即通过该方程可以预测 1997 年之后各月的工伤人数情况。

四、任务分组

6～8 人一组，根据决策树分析的步骤及要求，分析数据，形成回归方程式，进行合理预测。

五、考核标准

预习、课堂表现、成果整理、团队协作、出勤。

六、具体任务

拟合回归方程，验证方程与实际数据变化趋势的符合性，进行合理的预测。

七、引导问题

问题一：你知道系统安全预测是干什么的吗?

问题二：系统安全预测分析方法有哪些?

问题三：回归预测法你掌握了吗?

八、评价反馈

小组（学生）自评表、小组（学生）互评表、教师评价表见表 4-1-3～表 4-1-5。

表 4-1-3　　小组（学生）自评表

任　务	完成情况	任　务	完成情况
任务完成情况（小组填）		任务创新情况（小组填）	
小组成员任务完成情况（个人填）		成果上交质量	
个人收获及建议			

表 4-1-4　　小组（学生）互评表

任　务	完成情况	任　务	完成情况
任务完成情况（小组填）		任务创新情况（小组填）	
小组成员合作情况（小组填）		小组整体任务上交质量（小组填）	
小组成员任务完成情况（个人填）		成果上交质量（个人填）	
成员在小组中的表现（个人填）			

表 4-1-5 教师评价表

评价项目	自我评价	互相评价	小组评价	教师评价	综合评价
学习准备					
参与讨论					
实训表现					
作业完成情况					
展示汇报					
评价分为 A（优秀）、B（良好）、C（及格）、D（不及格）四级					

九、相关的知识储备

1. 回归预测法原理

回归预测法是利用数理统计原理，在大量统计数据的基础上，通过寻求数据变化规律来推测、判断和描述事物未来的发展趋势。

2. 一元线性回归公式

$$y=a+bx$$

式中 y——因变量；

x——自变量；

a、b——回归函数。

$$\begin{cases}\sum y=na+b\sum x\\ \sum xy=a\sum x+b\sum x^2\end{cases}$$

式中 x——自变量，为时间序号；

y——因变量，为事故数据；

n——事故数据总数。

解上述方程组得

$$\begin{cases}a=\dfrac{\sum x\sum xy-\sum x^2\sum y}{(\sum x)^2-n\sum x^2}\\ b=\dfrac{\sum x\sum y-n\sum xy}{(\sum x)^2-n\sum x^2}\end{cases}$$

3. 一元非线性回归公式

一元非线性回归曲线——指数函数。

$$y=a\mathrm{e}^{bx}$$

$$y'=\ln y \qquad a'=\ln a$$

$$y'=a'+bx$$

$$y=a\mathrm{e}^{\frac{b}{x}}$$

$$y'=\ln y \qquad x'=\frac{1}{x} \qquad a'=\ln a$$

$$y'=a'+bx'$$

任务二　系统安全决策

一、学习情景

（1）情景一。某工厂考虑是否对炉夹套的冷却系统进行改进。首先，改进项目是否需要评审，如果评审，则需要评审费 0.8 万元，不评审则可以省去评审费。如果决定评审，评审通过概率为 0.9，不通过的概率为 0.1。评审通过后，可通过“本厂独立完成”或“厂外协作”完成的方式进行改进，本厂独立完成有两个方案：方案 1 为改进失水信号检测器并增加备用泵，研制费用 3 万元，研制成功的概率为 0.6，失败概率为 0.4，研制成功后的收益为 15 万元；方案 2 为增加备用泵，研制费用 2 万元，研制成功的概率为 0.7，失败概率为 0.3，研制成功后的收益为 6 万元；厂外协作方式的研制费用 5 万元，研制成功的概率为 0.9，失败概率为 0.1，研制成功后的收益为 11 万元。针对上述问题，试画出决策树，并进行决策分析。

（2）情景二。为了适应市场的需要，某地提出了扩大电视机生产的两个方案。一个方案是建设大工厂，第二个方案是建设小工厂。建设大工厂需要投资 600 万元，可使用 10 年。销路好每年赢利 200 万元，销路不好则亏损 40 万元。建设小工厂投资 280 万元，如销路好，3 年后扩建，扩建需要投资 400 万元，可使用 7 年，每年赢利 190 万元。不扩建则每年赢利 80 万元，如销路不好则每年赢利 60 万元。试用决策树法选出合理的决策方案。经过市场调查，市场销路好的概率为 0.7，销路不好的概率为 0.3。针对上述问题，试画出决策树，并进行决策分析。

二、学习目标

1. 知识目标

掌握决策树的定义及决策方法。

2. 技能目标

能够运用决策树进行合理决策。

3. 素质目标

（1）团结协作，科学严谨。

（2）诚实协作，工匠精神。

（3）尊重事实，质量意识。

三、工作任务示例

1. 背景

某厂因生产需要，考虑是否自行研制一个新的安全装置。首先，这个研制项目是否需要评审，如果评审，则需要评审费 0.5 万元，不评审，则可省去评审费用。如果决定评审，评审通过概率为 0.8，不通过的概率为 0.2。每种研制形式都有失败的可能，如果研制成功（无论哪一种形式），能有 6 万元收益；若采用“本厂独立完成”形式，则研制费为 2.5 万元，成功概率为 0.7，失败概率为 0.3；若采用“外厂协作”形式（包括先评审），则支付研制费用为 4 万元，成功概率为 0.99，失败概率为 0.01。针对上述问题，需要进行决策。

2. 分析过程

（1）首先画出决策树（图 4－2－1）。

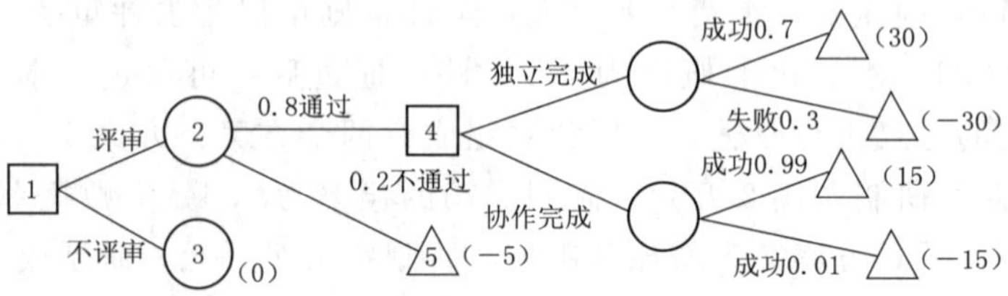

图 4－2－1　决策树

（2）计算概率分支的概率值和相应的结果节点的收益值（效益－费用）。

独立研制成功的收益：

$$6-0.5-2.5=3(\text{万元})$$

独立研制失败的收益：

$$0-0.5-2.5=-3(\text{万元})$$

协作研制成功的收益：

$$6-0.5-4=1.5(\text{万元})$$

协作研制失败的收益：

$$0-0.5-4=-4.5(\text{万元})$$

（3）按从右到左沿着决策树的反方向的顺序计算各概率节点的期望值。

独立研制成功的期望值：

$$E(v6)=0.7\times3+0.3\times(-3)=1.2(\text{万元})$$

协作研制成功的期望值：

$$E(v7)=0.99\times1.5+0.01\times(-4.5)=1.44(\text{万元})$$

（4）对比各方案期望值的大小，确定最优方案。根据期望值决策准则，若决策目标是收益最大，则采用期望值最大的行为方案，如果决策目标是使损失最小，则选定期望值最小的方案。

上报评审环节的期望值为

$$E(v2)=0.8\times1.44+0.2\times(-0.5)=1.052(\text{万元})$$

四、任务分组

6～8 人一组，根据决策树分析的步骤及要求，分析案例，形成决策树，合理决策。

五、考核标准

预习、课堂表现、成果整理、团队协作、出勤。

六、具体任务

画出决策树，并进行决策分析。

七、引导问题

问题一：你知道决策树分析法吗？知道它是用来干什么的吗？
问题二：决策树是如何绘制的？
问题三：决策树分析是如何通过决策树分析的？

八、评价反馈

小组（学生）自评表、小组（学生）互评表、教师评价表见表 4－2－1～表 4－2－3。

表 4－2－1　　小组（学生）自评表

任　　务	完成情况	任　　务	完成情况
任务完成情况（小组填）		任务创新情况（小组填）	
小组成员任务完成情况（个人填）		成果上交质量	
个人收获及建议			

表 4－2－2　　小组（学生）互评表

任　　务	完成情况	任　　务	完成情况
任务完成情况（小组填）		任务创新情况（小组填）	
小组成员合作情况（小组填）		小组整体任务上交质量（小组填）	
小组成员任务完成情况（个人填）		成果上交质量（个人填）	
成员在小组中的表现（个人填）			

表 4－2－3　　教师评价表

评价项目	自我评价	互相评价	小组评价	教师评价	综合评价
学习准备					
参与讨论					
实训表现					
作业完成情况					
展示汇报					
评价分为 A（优秀）、B（良好）、C（及格）、D（不及格）四级					

九、相关的知识储备

1. 决策树的绘制

（1）决策树图形符号。

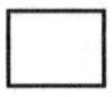表示决策点，从它引出的分支叫方案分支，分支数即为提出的方案数。

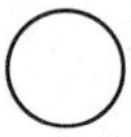表示方案节点（也称自然状态点）。从它引出的分支称为概率分支，每条分支上面应注明自然状态（客观条件）及其概率值，分支数即为可能出现的自然状态数。

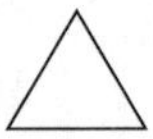表示结果节点（也称末梢），它旁边的数值是每一方案在相应状态下的收益值。

（2）决策树的画法（图 4-2-2）。

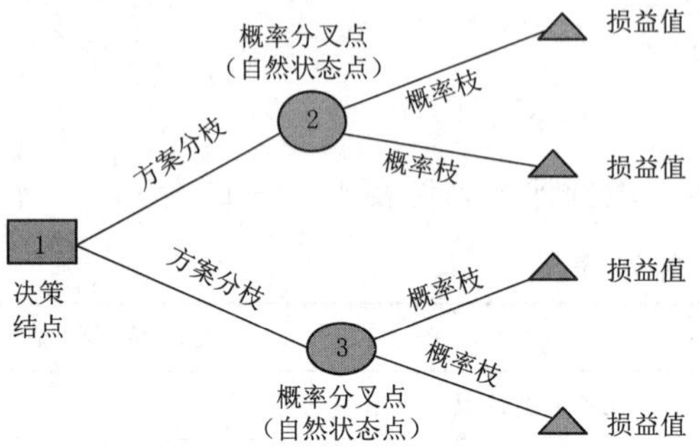

图 4-2-2　决策树的画法

1）先画一个方框作为出发点，又称决策节点。

2）从出发点向右引出若干条直线，这些直线叫作方案枝。

3）在每个方案枝的末端画一个圆圈，这个圆圈称为概率分叉点或自然状态点。

4）从自然状态点引出代表各自然状态的分枝，称为概率分枝。

5）如果问题只需要一级决策，则概率分枝末端画三角形，表示终点。

2. 决策树决策步骤

首先根据决策问题绘制决策树；计算概率分支的概率值和相应的结果节点的收益值；计算各概率点的收益期望值；确定最优方案。

（1）绘制决策树图。从左到右的顺序画决策树，此过程本身就是对决策问题的再分析过程。

（2）计算概率分支的概率值和相应的结果节点的受益值。

（3）从右到左沿着决策树的反方向进行计算各概率节点的期望值。

（4）对比各方案的期望值的大小，确定最优方案。根据期望值决策准则，若决策目标是收益最大，则采用期望值最大的行为方案，如果决策目标是使损失最小，则选定期望值最小的方案。

3. 决策树分析法的优点

（1）决策树能显示出决策过程，不但能通观决策过程的全局，而且能在此基础上系统地对决策过程进行合理分析，集思广益，便于做出正确决策。

（2）决策树显示能把风险决策的各个环节联系成一个统一的整体，有利于决策过程中的思考，能看出未来发展的几个步骤，易于比较各种方案的优劣。

（3）决策树法既可进行定性分析，也可进行定量分析。

参 考 文 献

［1］ 汪应洛．系统工程［M］．北京：机械工业出版社，2017.

［2］ 徐志胜，姜学鹏．安全系统工程［M］．3版．北京：机械工业出版社，2016.

［3］ 蔡庄红，白航标．安全评价技术［M］．3版．北京：化学工业出版社，2019.

［4］ 罗云．风险分析与安全评价［M］．3版．北京：化学工业出版社，2016.

［5］ 邵辉，毕海普，邵小晗．安全风险分析与模拟仿真技术［M］．北京：科学出版社，2018.

［6］ 邵辉．系统安全工程［M］．2版．北京：石油工业出版社，2016.

［7］ 国家安全生产监督管理总局．安全评价通则：AQ 8001—2007［S］．北京：煤炭工业出版社，2007.

［8］ 中华人民共和国住房和城乡建设部．建筑施工安全检查标准：JGJ 59—2011［S］．北京：中国建筑工业出版社，2011.

［9］ 中华人民共和国住房和城乡建设部．施工企业安全生产评价标准：JGJ/T 77—2010［S］．北京：中国建筑工业出版社，2011.

［10］ 国家质量监督检验检疫总局．故障树名词术语和符号：GB/T 4888—2009［S］．北京：人民出版社，2009.